拾缘·读书 | 读苏十元 | 识园·独苏

狮子林

夕槿 著

古吴轩出版社

中国·苏州

图书在版编目(CIP)数据

狮子林 / 夕槿著. —苏州：古吴轩出版社，2014.7（2020.6重印）
ISBN 978-7-5546-0222-5

I. ①狮… II. ①夕… III. ①古典园林—园林建筑—介绍—苏州市 IV. ①TU986.4

中国版本图书馆CIP数据核字(2014)第004344号

策　　划：许雪根　李　东
责任编辑：张　颖
装帧设计：韩桂丽
责任校对：徐小良
责任照排：韩雅萍
摄　　影：除署名外均为夕槿

书　　名：狮子林
著　　者：夕　槿
出版发行：古吴轩出版社
地址：苏州市十梓街458号　　邮编：215006
电话：0512-65233679　　传真：0512-65220750
出 版 人：尹剑峰
印　　刷：龙口市新华林文化发展有限公司
开　　本：787×960　1/32
印　　张：5
版　　次：2014年7月第1版
印　　次：2020年6月第2次印刷
书　　号：ISBN 978-7-5546-0222-5
定　　价：10.00元

【目录】

概　述　/ 001

祠堂·住宅景区　/ 009

门厅、正厅 ……………… 011
燕誉堂……………………025
小方厅 …………………… 032
九狮峰……………………039
打盹亭……………………041

花园·主假山区　/ 045

指柏轩、见山楼 ………047
大假山……………………054
卧云室……………………059

花园·池北区　/ 065

古五松园 ………………… 067
花篮厅……………………072
真趣亭……………………077
石　舫……………………086
暗香疏影楼………………090
湖心亭……………………093

花园·池西部　/ 097

飞瀑亭……………………099
问梅阁……………………102
双香仙馆…………………108

花园·池南部　/ 111

扇　亭……………………113
石拱桥、湖心岛 ………117
文天祥碑亭………………119
御碑亭……………………122
复　廊……………………125
修竹阁……………………128
立雪堂……………………131

附　录　/ 137

概述

狮子林是苏州四大名园之一，距今已有670余年的历史，为元代园林的代表。它位于苏州中心城区东北角的园林路，占地约十四亩。因园内“林有竹万，竹下多怪石，状如狻猊（狮子）者”，又因造园者天如禅师惟则得道于浙江天目山狮子岩中峰明本法师，为纪念佛徒衣钵、师承关系，取佛经中“狮子座”之意，故名“师子林”“狮子林”。

狮子林是一座以古代假山群为代表、充分体现禅宗与儒家思想相融合的园林。在中国古典园林中，狮子林是现存的唯一一座禅意园林。园内东南秀峰罗列，长廊迂绕；西北多水，碧波轻盈；西部峭岩石壁，倚山斜立，更有飞瀑和潺潺流水，在园林艺术中别具一格。它既有苏州古典园林亭、台、楼、阁、厅、堂、轩、廊之人文景观，更以湖石奇峰、洞壑深邃而盛名于世，素有“假山王国”之美誉。

狮子林的湖石假山既多且精美，湖石玲珑，洞壑宛转，曲折盘旋，如入迷阵，有“桃源十八景”之称。洞顶奇峰怪石林立，均似狮子起舞之状。有含晖、吐月、玄玉、昂霞等名峰，而以狮子峰为诸峰之首。

狮子林内建筑以燕誉堂为主，堂后为小方厅，前有立雪堂。向西可到指柏轩，为二层阁楼，四周有廊庑，高爽玲珑。指柏轩之西是古五松园。西南角为见山楼。由见山楼往西，可到花篮厅。厅西北傍池建真趣亭，亭内藻饰精美，人物花卉栩栩如生。亭旁有两层石舫。石舫北岸为暗香疏影楼，由此循走廊转弯向南可达飞瀑亭，是为全园最高处。园西中心景点是问梅阁，阁前为双香仙馆。双香仙馆南行折东，西南角有扇子亭，亭后辟有小院栽植胡杨，清新雅致。从扇亭远眺，可见近处的湖心岛与远处湖心亭。扇亭一路向东，分别是文天祥碑亭和乾隆御碑亭。经西侧复廊通修竹阁。

元至正元年（1341），高僧天如禅师惟则应弟子之邀，来到苏州传禅。翌年，他的弟子们买地置屋，为他建造了一座禅林，史载“相率出资，买地结屋，以居其师”。弟子们所购的这块地，宋时为贵家别业（《吴门表隐》云系章琼故宅），宅内林木荫翳，还有大量散置的太湖石，适宜于堆叠假山。惟则及其弟子就运用这些石料，在当时著名文人朱德润、徐贲、冯海粟、倪瓒的襄助之下，建寺造园，名“狮子林寺”。如今狮子林南出口正对的那条小路名狮林寺巷，印证了其作为寺院园林的地位。

惟则像

来到苏州之前，惟则高僧曾在浙江天目山的狮子岩修行二十余年。惟则的老师中峰明本以及中峰明本的老师高峰原妙，都是在狮子岩得道的。狮子林以“狮子”命名，既表明了这座禅林与传禅基地狮子岩的联系，又寄托了禅僧们不忘师祖的意思。在古代，狮子的“狮”有时亦写作老师的“师”。在佛门之中，杰出的僧人也被称为“狮子”，因此，不但高僧说法被称为“狮子吼”，而且高僧的法座也被称为“狮子座”。同时，“寺院”一词，也一向有着“丛林”的别称，所以，把这座禅林称为“狮子林”，便是顺理成章的事了。当然，狮子林得名的另一个重要原因，还在于它拥有着一片嶙峋多姿的太湖石假山群。这些大大小小的假山石虽然造型各异，但是它们却大都与狮子的形态非常相像。这些“狮子”，或立或卧，或俯或仰，千奇百态，顾盼生姿。并以林立之势，营造出了十分奇异的氛围。可以说，把狮子的形态与狮子的寓意合为一体，并称之为“狮子林”，对于一座禅意园林来说，这真是一种绝妙的构想。

在狮子林创建的年月里，苏州一带既是文人集中之地，又是禅僧往来之所。得道高僧惟则本身就是一位诗僧，所以狮子林建成后，自然成为那些笃信禅宗的文人前来谈禅

倪瓒《狮子林横幅全景图》（局部）

访道的地方。惟则曾作诗《狮子林即景十四首》，描述当时的园景和生活情景。元明之际，先后有三位文人画家曾为狮子林传神写照，一位是朱德润，一位是倪瓒，另一位是徐贲。他们所作诗画均列入《狮子林纪胜集》，如朱德润的《狮子林图》、倪瓒（号云林）的《狮子林横幅全景图》、徐贲的《狮子林十二景点图》，使狮子林名声大振，成为佛家讲经说法和文人赋诗作画之胜地。其中，以曾参与造园的元代著名画家倪瓒所画的《狮子林图》的影响最为深远，以至后来，还仍然有人将狮子林称为"云林逸韵"，足见倪瓒对于狮子林的意义。

天如禅师惟则谢世以后，弟子散去，寺园逐渐荒芜。

明万历十七年（1589），明性和尚托钵化缘于长安，重建狮子林圣恩寺、佛殿，再现兴旺景象。

之后，倪云林所画的《狮子林横幅全景图》经过辗转流传，最后传入宫中，并深得康熙和乾隆两位皇帝的喜爱。这两位在文治武功方面都有过重大建树的皇帝，也是十分推崇中国传统的文化尤其是痴迷书画并热爱园林的人。正是由于他们对狮子林特别看重，使得这一座与文人画家有着不解之缘的禅林，在历史上极大地提升了自己的名望。

康熙四十二年（1703）康熙皇帝南巡驾临狮子林，他不但赐"狮林寺"匾额，而且还留下了词采斐然的一副楹联：苔涧春泉满，萝轩夜月留。

乾隆皇帝自第二次南巡起，每次南下，必游狮子林。乾隆皇帝曾六次游览狮子林，先后赐"镜智圆照""画禅寺"及现存"真趣"等匾额三方，留诗十首，临摹倪云林《狮子林

康熙像

乾隆像

全景图》三幅。乾隆三十六年（1771），乾隆在圆明园东北角仿建狮子林。1774年，承德避暑山庄建成，东部是以假山为主的狮子林，西部是以水池为主的文园，合称“文园狮子林”，乾隆对此园非常喜欢，称之“欲傲金阊未有此”。

从狮子林创建到乾隆皇帝造访，前后隔了四百多年，这期间由于禅宗自身逐渐衰落，狮子林也落入了索寞之期。因此，这一座闻名遐迩的佛教禅林，后来成了达官显贵与商界巨贾的私家园林。

乾隆年间，衡州知府黄兴仁将狮子林买下，自此狮子林寺、园分开，作为他的私家住宅，改名“涉园”。黄兴仁的两个儿子都先后在科考中金榜题名，黄腾达中了进士，黄轩则考中状元。黄家耗重金精修狮子林，重整庭院，因园中有五棵高大的松树，又名“五松园”。此番改造，使得狮子林再一次声名鹊起。在所有园主中，黄氏家族拥有狮子林的时间最为长久，总共一百七十余年。在苏州私家园林的历史上，就拥有时间而言，黄氏家族实为首屈一指。可惜至清光绪中叶，黄氏家道衰败，叠石亭台坍塌，园已倾圮，唯假山依旧。

狮子林作为私家园林的最后一位主人，便是贝仁元。贝仁元，字润生，苏州人，世界著名建筑大师贝聿铭的叔公。民国七年（1918），当时作为上海颜料巨商的贝润生从民政总长李钟钰手中购得狮子林。他在保留原有面目的基础上，花八十万银元，用了将近七年的时间整修，新增了如湖心亭、石舫、荷花亭、九狮峰等部分景点，并冠以“狮子林”旧名。由于财资雄厚，他对狮子林扩充式的修建，无论在规模还是规制上，都远远超过了黄氏家族对于狮子林的整建。建成后的狮子林，厅、堂、楼、榭小巧玲珑、古朴高雅，园内林木翠竹茵茵，湖水清澈碧绿，瀑布飞泻，小桥凌波，长廊贯通，若隐若现，特别是园内的假山构思精巧，出神入化。

贝仁元铜像

至此，经过惟则禅师的创建、黄氏家族的修建和贝氏家族的扩建，狮子林已经涵纳了元代、明代、清代以及民国时代等各个时期的历史风貌，寺、园、宅分而又合，具有了更为丰富的文化内容。狮子林从此名扬苏州，成为苏州四大古典园林之一。贝润生原准备筹备开放，但因抗日战争爆发而未能如愿。1945年贝润生病故后，狮子林由其孙贝焕章管理。

中华人民共和国成立后，贝氏后人将园捐献给国家，苏州园林管理处接管整修后，于1954年对公众开放，1982年被定为江苏省文物保护单位，2000年被联合国教科文组织列入《世界遗产名录》，2006年被列入全国重点文物保护单位。历经六百余年变迁和兴衰的狮子林，沐浴着历史的光华，向世人展示她的风采。

祠堂·住宅景区

狮子林现在的门厅与正厅区域是原来的贝氏宗祠，燕誉堂、小方厅、打盹亭是原住宅区域，这两者共同构成了狮子林东部景区。正厅为硬山厅堂二进式，檐高厅深，庄重肃穆。燕誉堂是全园主厅，建筑高敞明亮，堂内陈设精致华丽。小方厅在燕誉堂北轴线上，歇山顶式的方厅与半亭相连。九狮峰院以九狮峰为主景，东西各设开敞与封闭的两个半亭，北墙有“琴”“棋”“书”“画”镂空花窗，西边有海棠门洞通往后花园。东部景区的特点是主体建筑与院落层层递进、步步展开，格局较规整，空间变化丰富，景深感强，为后花园起到绝好的铺垫作用。

门厅、正厅

狮子林位于苏州古城区东北角的园林路上，大门坐西朝东，门洞上有吕凤子题写的隶书“师子林”砖额。大门两旁是狮子林全景图与中英文对照简介。

从东门进入，是一个宽敞的庭院。庭院南有照壁。壁前四棵银杏参天，苍劲挺拔。夏天这里一片葱绿、浓荫蔽日，

狮子林入口

秋天果实累累、金黄诱人，给人峻峭雄奇、古雅别致之感。庭院中间还植有两棵盘槐，树冠如伞，枝条构成盘状，上部蟠曲如龙，小枝柔软下垂，奇特苍古。庭院西面的墙壁上有狮子林简介和游览全景图。

与东门相对的是西门。东西两门上方各有砖额，分别题有“左达”和“右通”。“右通”西面有通道，往北一直通向民国时期入园处，现已关闭。通道尽头是一个石库门，上方砖额“狮子林”三字为康有为的老师吴郁生所题。吴郁生（1854—1940），苏州人，清光绪三年（1877）进士，曾任内阁学士，兼礼部尚书、四川督学。主考广东乡试时发现并录取了

东门“左达”　西门“右通”

康有为。戊戌变法失败后，也被牵连革职。慈禧太后过世，乃任邮传部尚书、军机大臣。辛亥革命后，返苏州故里。郁生善诗文、工书法，为清末民初时著名书法家，其字朴茂刚健、浑厚老当。

乾隆书“狮子林”匾额

狮子林的入口原为贝氏祠堂大门。当年修建时，门厅面阔近十二米，中有黑漆将军门，门槛高达九十多厘米。两旁置有抱鼓石、浮雕狮子戏绣球和刘海钓金蟾。大门上方悬挂红底金字的乾隆御书“狮子林”匾额。

抱鼓石是中国宅门“非贵即富”的门第符号，是最能标志屋主等级差别和身份地位的装饰艺术小品，并有祈福、吉祥、辟邪等意义。金蟾有招财进宝、镇宅驱邪、官运亨通的寓意，刘海总是被看作仁慈之神。刘海钓金蟾源于民间一个美丽的传说。相传常德城内丝瓜井里有金蟾，经常在夜里从井口吐出一道白光，直冲云霄，有道之人乘此白光可升入天堂。住在井旁的青年刘海，家贫如洗，为人厚道，事母至孝。他经常到附近的山里砍柴，卖柴买米，与母亲相依为命。一天，山林中有只狐狸修炼成精，幻化成美丽俊俏的姑娘胡秀英，拦住刘海的归路，要求与之成亲。婚后，胡秀英欲济刘海登天，口吐一粒白珠，让刘海做饵子，垂钓于丝瓜井中。那金蟾咬钓而起，刘海乘势骑上蟾背，纵身一跃，羽

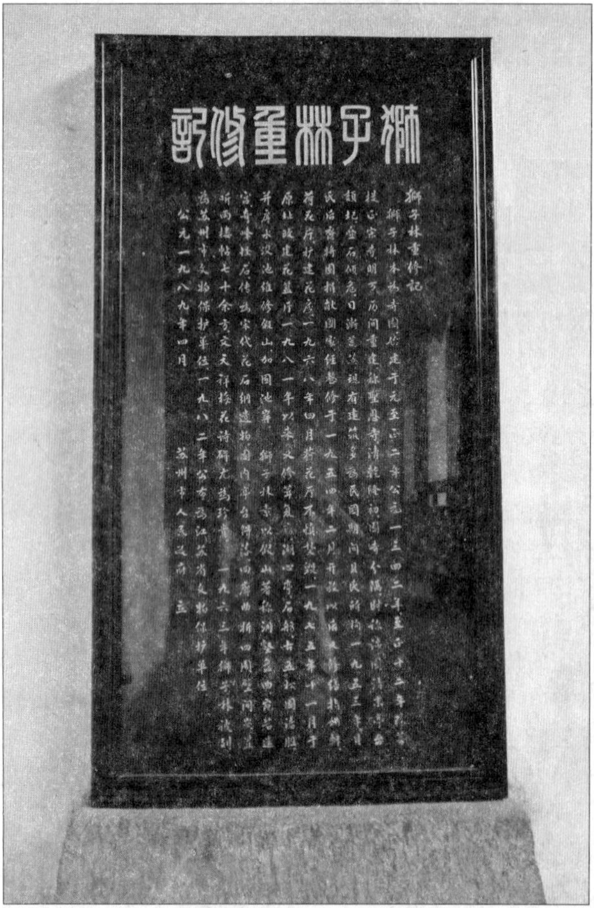

《狮子林重修记》石碑

化登仙而去。

进入门厅，即是轿厅，为旧时停轿之处，西墙置有苏州市人民政府1989年的《重修狮子林记》石碑。向前走是一个宽敞的庭院，庭院两侧走廊朱红色的栏杆雕刻着风穿牡丹及“寿”字图案。庭院四周飞罩为花瓶插花与贝叶图案的挂落。瓶为平安意，有佛佑阖族平安之意。贝叶是取自一种叫贝叶棕又名贝多罗树植物的叶片，这种树生长在热带亚热带地区。佛教信徒用特殊工艺将经文刻写在贝叶上制成贝叶经，可保存数百年之久。贝叶经最早出现在印度，后随佛教传入中国，在我国西藏、云南众多寺庙中保存了大量贝叶经文。此处的贝叶图案既反映了狮子林是禅宗修学佛道的地方，寓意此禅林的来历，又有纪念意义——园主恰姓贝，且当初购买狮子林是为了建造祠堂所用。

门厅内东西两廊门洞上方，分别有“景范”与“仰韩”砖额，体现出园主对宋代名臣范仲淹与韩琦的景仰之情。

范仲淹像

范仲淹（989—1052），苏州人，北宋著名的政治家、思想家、军事家、文学家、教育家，世称“范文正公”。宋真宗大中祥符八年（1015）考中进士。范仲淹在苏州任职期间，造福桑梓，政绩卓著：他兴修水利、防治水患，保障了苏常

韩琦像

湖秀四州的农业生产，使人民安居乐业，当地的人民将浦闸称为“范公闸”、修筑的圩堤叫作“范公圩”以感其恩德。他将原本用于建宅的风水宝地创建成我国第一座府学，即为今天全国名校江苏省苏州高级中学，遗泽千秋。他创立范氏义庄，“供给衣食及婚嫁丧葬之用”，救济族中穷人，使子孙免遭饥寒之苦。

韩琦（1008—1075），河南安阳人。弱冠之年考中进士，曾任右司谏、安抚使。康定元年（1040）韩琦与范仲淹一同被任命为陕西经略安抚副使抗御西夏，时称“韩范”。边区民有歌唱：“军中有一韩，西贼闻之心胆寒。军中有一范，西贼闻之惊破胆。”他赞成范仲淹推行庆历新政。后出任宰相，经嘉佑、治平、熙宁三朝，号称贤相。

民国时狮子林主人贝仁元（1872—1947），字润生，苏州人，是著名建筑师贝聿铭的叔祖。他十六岁到上海的瑞康颜料行做学徒，二十八岁任瑞康颜料行经理，清宣统元年（1909）当选上海商务总会议董，宣统三年（1911）任上海商务总会协理，民国元年（1912）任上海总商会协理，民国四年（1915）任全国商联会副会长，民国五年（1916）当选上海总商会会董后辞职，屡任洋货公会总董及平江公所总董、苏州旅沪同乡会会长等。民国十六年（1927）辞去瑞康职务，独任谦和靛青行总经理，并投资滋康瑞记钱庄、瑞昶盛记钱庄、宝丰安记钱庄，任崇信纺织公司董事。

他在商业上获得成功的同时，曾出资银元10万支持辛亥革命，捐资5500银元给湖南赈灾，在上海商界成立“普益工艺传习所”收容贫民子女和孤儿并对他们进行培养，出资10000元资助黄炎培创办著名的中华职业学校。同时，贝仁元不忘家乡的抚育之恩，1916年捐资12500元创建了苏州第一家公立幼稚园——吴县城东幼稚园；1929年出资修建了苏州火车站南侧的桥梁和附近的道路，新筑马路要经过贝仁元所有的土地，贝仁元也同意了，这些路大大改善了火车站与古城区的交通。贝仁元还把大桥命名为“梅村桥”（即

贝氏族谱图

栏杆上的凤穿牡丹图案

福禄寿三星堆塑

平门桥）以纪念自己的父亲。他身体力行，以这些乐善好施、济贫帮困、热衷公益的行动，表达了对范仲淹、韩琦二人的景仰与效法。1918年贝仁生购得狮子林，于1922年创办承训义庄，效范式义庄，“以公有之产遗子孙”。

穿过石板庭院或经过两边走廊可达正厅。此厅原为贝氏宗祠，现为迎客大厅。厅前木栏杆上刻有凤穿牡丹图案。在古代传说中凤为鸟中之王，牡丹为花中之王，两者都象征着祥瑞、美好和富贵。丹、凤结合，寓意“富贵无边”。大厅正面是十六扇海棠花窗格的落地长窗，裙板上有花卉与蝙蝠捧寿图案，寓意“多福多寿”。廊左右门洞上方分别有“敦宗”“睦族”的砖额，寓家族亲密和睦之意。在大厅的屋脊中央，有一组福禄寿三星堆塑，堆塑人物高近两米，但由于屋脊高耸，仰头看上去似乎略显不足。福禄寿三星脚下踩着祥云，一副笑容可掬的样子。福、禄、寿在远古传说中是天上三吉星，民间把这三星作为幸福、吉利、长寿的象征。福星手里拿着福字（也有拿蝙蝠的），福星就是岁星（木星），古人认为岁星照临，能降福于民。禄星，即文曲星，是掌管文运利禄的神灵，古代科举取人，学子一旦通过科举考试，便有高官厚禄。禄星手捧金元宝，寓意书中自有黄金屋。寿星就是南极老人星，手捧寿桃。古人认为老人星能预兆国家寿命长短，也可给人增寿，因而让老人星成为长寿象征。寿星的特点是额头凸出，与古代养生术所营造的长寿形象紧密联系，比如丹顶鹤的头部高高隆起、寿桃外形鼓起等等，均与之呼应。福星左手还牵着一位可爱的孩童，孩童寓指贝家的后代，希望子孙永远和福禄寿保持密切关系。

正厅廊柱上挂有绿底章草抱对一副，曰：

似黄道流星散落百座；

忆云林作稿点活五龙。

落款“王遽常时年八十有六”。此联把狮子林的太湖石比作黄道周围的流星洒落人间，又回想倪云林《狮子林图》之技艺精湛，画中假山好像真的如巨龙般盘旋腾飞。

正厅廊柱

王遽常(1900—1989)，字瑗仲，浙江嘉兴人。复旦大学教授。以章草独步书坛。书作笔力坚劲，骨势峻迈，独具风貌。著有《书法答间自述篇》《秦代史》等。章草是隶书中带有草书笔意的一种书体，字字独立，每字笔画间却有飞丝萦带，是早期的草书。

进入正厅，可见萧劳八十岁时撰写的楹联，曰：

枕水小桥通鹤市；

森峰旧苑认狮林。

萧劳（1896—1996），生于河南浚县，原籍广东梅县。书法刚柔相济，婉媚中而寓金石味，自成一家。上联是说走过狮子林门前的小桥可以通向今皮市街北口的鹤市。鹤市是古街坊名，来源于一个古老的故事：传说春秋吴王阖闾的爱女不幸死去，阖闾厚葬爱女，出殡那天，有仙鹤在前面引路，鸣叫声响彻天空，其地称鹤市，桥曰鹤舞桥（见东汉赵晔《吴越春秋》）。下联指看到峰峦林立的太湖石，就可以认出这是狮子林，点明其造园特征。

大厅正中挂有巨幅《苍松图》，枝叶繁茂，苍翠遒劲，由张继馨所作。图中松有五棵，因狮子林曾名五松园。《苍松图》之上有匾额“云林逸韵”，为顾廷龙楷书。顾廷龙（1904—1998），苏州人，版本目录学家。历任上海历史文献图书馆馆长、上海图书馆馆长，华东师范大学、复旦大学兼职教授，文化部国家文物鉴定委员会委员。担任《中国古籍善本书目》和《续修四库全书》主编的工作。

“云林逸韵”这四个字是称赞元代画家、狮子林设计者之一的倪瓒所作《狮子林横幅全景图》超众脱俗。倪瓒（1301—1374），号云林，无锡人。元代画家、诗人，与黄公望、王蒙、吴镇合称“元四家”。明洪武六年（1373），七十三岁高龄的他途经狮子林寺，应寺内如海方丈邀请，为狮子

“云林逸韵”匾额和《苍松图》

倪瓒像

林作图、诗各一，时惟则、中峰法师都已经去世，寺院已显冷落，自云林作图后，狮子林由此名声大噪，艺术身价倍增，成为文人雅集、觞咏之地。天如门人善遇所编的《狮子林别录》称："倪高士元镇每过狮子林，爱其萧爽，为之绘图。徐幼文复图之为十二景，高季迪诸人题咏相继。"后人遂把狮子林和倪云林连在一起，乾隆题诗称"倪氏狮林存茂苑"。

这位在书画、造园艺术上具有颇高造诣的倪云林，生活中却是非常古怪之人。传闻倪云林爱洁成癖。他的厕所是一座"空中楼阁"：用香木搭好格子，下面填土，中间铺着洁白的鹅毛，"凡便下，则鹅毛起覆之，不闻有秽气也"。

他的文房四宝有两个佣人专门负责经营，随时擦洗。院里的梧桐树，也要命人每日早晚挑水揩洗干净。一日，他的一个好朋友来访，夜宿家中。因怕朋友不干净，一夜之间，倪瓒竟亲自起床视察三四次。忽听朋友咳嗽一声，于是担心得一宿未眠。及至天亮，便命佣人寻找朋友吐的痰在哪里。佣人找遍每个角落也没见痰的痕迹，又怕挨骂，只好找了一片树叶，上面稍微有点脏的痕迹，送到他面前，说就在这里。他斜睨了一眼，便厌恶地闭上眼睛，捂住鼻子，叫佣人送到三里外丢掉。

倪瓒有个清閟阁，旁人不让进。还有一匹白马，爱护备至。有一次他母亲病了，他求葛仙翁看病，葛仙翁要求用白马来接。那天正下着雨，倪瓒是孝子，只好同意。结果白马行走于雨中，狼狈得一塌糊涂。到了倪家，葛仙翁要求上清閟阁看看。在清閟阁里，这医生乱翻一气，到处吐痰。倪瓒至此终身不再进清閟阁。

因他太爱干净，所以少近女色。但有一次，他忽然看中了一姓赵的歌姬，于是带回别墅留宿。但又怕她不清洁，先叫她好好洗个澡，洗毕上床，用手从头摸到脚，边摸边闻，始终觉得哪里不干净，要她再洗，洗了再摸再闻，还不放心，又洗。洗来洗去，天已亮了，只好做罢。后来他因故入狱，到吃饭的时候，却让狱卒把碗举到眉毛那样高，狱卒问他为什么，他说：“怕你的唾沫喷到饭里。”狱卒大怒，把他锁到马桶旁边，后经人求情方得释放。

除了有洁癖，倪瓒脾气也很古怪。当他寄住在邹家的时候，邹先生有个女婿叫金宣伯，这天来拜访他，倪瓒闻知金宣伯是个读书人，连鞋子也没穿好就出来迎接。可当见到他说话长相都很粗鲁后，竟然很是愤怒，打了他一巴掌。金宣伯又是惭愧又是忿怒，也不见邹先生就走了。邹先生出来后，很是责怪他。倪瓒说：“金宣伯面目可憎，言语无味，我把他骂走了！”

“吴王”张士诚之弟张士信，一次差人拿了画绢请他作画，并送了很多金钱。倪瓒大怒曰：“倪瓒不能为王门画师！”并撕绢退钱。不料，一日泛舟太湖，正遇到张士信，被痛打了一顿，倪瓒当时却噤口不出一声。事后有人问他，

正厅内铜狮

他答道："一出声便俗。"倪瓒曾作一诗以述其怀："白眼视俗物，清言屈时英。富贵乌足道，所思垂令名。"

倪瓒好饮茶，特制"清泉白石茶"。赵行恕慕名而来，倪瓒用此等好茶来招待他。赵行恕却觉得此茶不怎样。倪瓒生气道："吾以子为王孙，故出此品，乃略不知风味，真俗物也。"遂与之绝交。

洁癖、孤高和古怪的性格，使这个男人不仅激怒了敌人，也得罪了朋友。作为报复，民间流传的关于倪瓒的死因有多种版本，一说临终前患痢疾，"秽不可近"，又说是被朱元璋扔进粪坑淹死的。

正厅家具陈设按晚清时期江南大宅式样布局。厅正中有天然几，长七八尺，宽尺余，高过桌面五六寸，两端飞角起翘，下面两足作片状装饰花纹有如意、雷纹等。天然几上有石供一座、大理石插屏一块和古花瓶一个。两侧花几上有花盆。天然几前有供桌和太师椅。供桌和天然几相似，但端部无飞翘，下设四脚，与方桌等高。太师椅，在封建社会是最隆重的坐具椅背形式，中高侧低，如凸字形。椅背上常嵌圆形或方形大理石，配以葫芦、贝叶等图案，常置于正厅中两侧位置。厅前正中是一大型圆桌和四只石鼓凳，两侧各有茶几四只、太师椅六把。东西墙下各有方桌与太师椅一对。圆桌前一对铜狮来自留园，精巧可爱。东西两墙各有大理石挂屏两块，大理石上有淡淡似烟云似山脉的纹理，古朴雅致。

燕誉堂

出大厅西行过八角门，八角门上方有“春华”砖额。这里起有两条通道：左边可以穿圆洞门到燕誉堂前庭院，圆洞门上方前后各有“入胜”“通幽”砖额。八角套圆，在中国人的观念里，圆是日月盈虚之象，又是天穹覆盖之形，更代表着一种圆融美满的理想人生，具有吉祥美好的属性。右边

燕誉堂

“读画”砖额

“听香”砖额

“五蝠捧寿”铺地

经过一道隐蔽幽暗的过道通向燕誉堂走廊。男性行左边通道，女性走右边通道，因为“尊左”是中国传统习俗，又因为古代女眷不宜抛头露面，故设置两条不同路线进入燕誉堂。

堂南廊左右门上方有砖额“读画”“听香”，暗喻燕誉堂庭院内“色”“香”俱佳的风光。庭院高大的白墙下筑有湖石花台，上立石笋，夹倚玉兰树两株，牡丹丛植，寓意“玉堂富贵”，如一卷天然图画；园内四季花香芬芳，待两株玉兰开放，更是香气袭人，仿佛可听。庭院正中有用石卵瓷片砌成的五蝠捧寿字花地，取“福寿吉祥”之意。

迈入厅堂，正中悬“燕誉堂”匾，为毕志策书。“燕誉堂”出自《诗经》“式燕且誉，好而无射”。这里的“燕”，意为安闲；“誉”，意为欢乐。乾隆帝游园时，此堂为临时膳房。

厅中陈设与正厅相似，但东西墙上各开八角形窗户，墙外一抹翠意，自然通透。此厅是苏州园林中较为著名的鸳鸯厅。鸳鸯厅由南北两厅组成，中间以屏风、罩、纱槅将厅等分为前后两部分，从内部看似两厅相连，但布置相异。南厅为方梁有雕花，是男主人会客的地方；北厅为圆梁无雕花，作女主人会客和密友聚谈之用。南半部宜于冬春，北半部宜于夏。

燕誉堂正中屏门南面是民国十四年（1925）主人贝仁元自撰的《重修狮子林记》，记述清朝的贝氏重修狮子林的经过。全文如下：

我吴园亭，沧浪最古，师林次之。顾沧浪建于子美，固在师林百余年以前，而规复于文瑛，实在师林百余年以后，是虽谓师林古于沧浪，亦奚不可？

仁元世居茂苑，侨寓淞滨。市尘溷迹，非无鲈脍之思；林壑怡情，敢效菟裘之筑？戊午之岁，因事旋里。时固有建祠之议，胥宇度地，辄以询诸邑人，而旧家宅第，与夫荒墟故址，足以当我意而适于用者，殊不数觏。或有以师林告曰：是休宁黄氏之废园也，久而莫能售，迨至民元，始归玉峰李氏，拟修葺而未果，今待价可沽焉。仁元心识之。未几，晤李举以询，慨然允诺。夫以数百余年荒芜之区，不越十稔而一再易主，殆非事之偶然者耶？虽然园之废也，固无非荒榛蔓草，碎瓦颓垣，增后人之感喟；即其兴也，亦惟是画栋雕甍，名葩嘉卉，恣时人之游观。沧桑变幻，物理循环。了无足异。矧余以建筑祠宇，购觅基址，于园之或有或无，初不介意，又奚暇经营土木，以自取娱乐耶？

园之四傍多隙地，而东南隅为尤广，乃于其间建家祠焉。祠左有余址，复筑室若干楹，以为校舍。载阅寒暑，次第工竣。由是而斯园之荒秽残废，得从事于缮葺矣。

园以山石著，故为吴中名胜之一。自有元至正以迄于今，中更两代，垂四百余祀，而诸峰如旧，丘壑依然，鲁殿灵光，若有呵护，师林之名所以不致湮没者，惟此而已。至于车驾南巡、翠华临幸，当年盛迹，回首茫然，惟真趣御额暨御碑各一，虽剥落残缺而宸翰犹存。谨即旧额而新之，悬诸厅事，仍曰真趣厅；别筑一亭，植碑其中，曰碑亭，志圣迹也。旧有指柏轩、问梅阁、卧云室、立雪堂诸胜，悉循故址，重建新楹，复旧观也。此外，若堂，若庑，若楼台馆阁，以至亭榭池沼，凡今所布置者，皆随地点缀而已，不足数也。夫因袭陈旧，本无

燕誉堂南厅

南厅立挂钟

绿玉青瑶之馆

北厅设穿衣镜

意匠之可言。况踵事增华，未能免俗，谬为记载，能勿惭惶？

所冀庙貌常新，荐馨香于奕祠，弦歌不辍，宏教育于后人。俾区区初衷，得因兹胜地名园而贻诸久远，固所愿焉。不揣谫陋，爰为斯记，以申微旨云尔。

民国十四年，岁在乙丑三月上浣，吴县贝仁元识，新安铁生朱练书。

北厅悬匾“绿玉青瑶之馆”，为吴进贤隶书。“绿玉青瑶”源出倪瓒“依微同里接松陵，绿玉青瑶缭复萦。为咏江城秋草色，独行烟渚暮钟声”诗句，原诗用绿玉来形容“绿水”。此处用翠绿色美玉名馆，寓吉利富贵之意，也比喻君子温润不污的品性情操。正中屏门上刻狮子林全景图，两边有楹联：

具峰岚起伏之奇，晴云吐月，夕照含晖。尘劫几经年，胜地重新狮子座；

于觞咏流连而外，赡族承先，树人裕后。名园今得主，高风不让谢公墩。

贝氏得此园于民国七年（1918）秋，花了九年时间重修。楹联上句描述狮子林假山峰峦起伏、山气缭绕之奇，晴天白云悠悠，夜晚月色吐晖，夕阳朝霞，峰石含晖；下联赞扬主人在此饮酒赋诗、玩赏风景之外，还要赡养族人宗室，承继先人遗业，培养人才，造福后人。名园在今天得到了真正的主人，其人高尚风雅不减当年《谢公墩》中描述的谢安（《谢公墩》是王安石追慕缅怀谢安的一首诗）。谢安（320—385），字安石，东晋著名政治家、宰相。在淝水之战以八万兵力打败了号称百万的前秦军队，为东晋赢得几十年的安静和平。谢安逝世之后，追赠太傅，被民间尊奉为神祇，称为“谢千岁”“谢王公”，世人和后人对其品性功绩多有称道。这副对联表现了园主对先人的追思和对高雅品格的追求。

此厅正中设榻，形如大床，三面有靠屏，用以接待尊贵宾客。榻上中央设矮几，分榻为左右两部分，几上置茶具等物。由于下榻比较高大，其下设踏登两个，形如矮长小几。

东墙上有施仁所作玉兰花，还有瓦翁书沈石田的山茶花诗。西墙上挂崔护的《望江南·山茶花》及王企华的《红梅报春》。

根据用途的不同，可以发现燕誉堂南北厅的九个不同之处：（1）匾额的题名不同，南厅为燕誉堂，北厅为绿玉青瑶之馆；（2）屏门南面为《重修狮子林记》，北面为狮子林的全景图；（3）南厅的墙上的窗景是真实景色，北厅墙上则挂诗画；（4）家具的陈设样式不同。南厅按照正厅规格陈设，北厅则比较闲适；（5）南厅放置重锤式立钟，北厅置椭圆形穿衣镜；（6）南厅地砖呈菱形花纹，北厅则铺方砖；（7）北厅的梁柱用圆木，南厅的梁柱用方木；（8）梁的不同，南厅是雕梁，北厅梁无雕刻；（9）梁上宫灯样式不同。

小方厅

走出燕誉堂北厅，就到了“园涉成趣”的小方厅。它的名字取意于东晋陶渊明《归去来兮辞》句：“园日涉以成趣，门

小方厅半亭

虽设而常关。”意曰：每天在庭园里漫步自成乐趣，从此谢绝与官场人物的交往，关起门来过自己的隐居生活。表达了一种归隐田园的生活情趣，写出了平凡生活中所蕴含着的美。

庭院内有樱花树两棵，每到春夏之交，花繁艳丽，落英缤纷，独成一景。

小方厅四面通透，为过道厅。建筑及构件呈正方形，三亭拱卫，是一小巧玲珑文会雅集之所。北边与燕誉堂相对的是一个半亭，墙体嵌有彩色玻璃花格窗，窗下有“金砖”一方。金砖是大型方砖的雅称，据古籍《金砖墁地》记载，金砖是专为皇宫烧制的细料方砖，其颗粒细腻，质地密实，敲之若金属般铿然有声，故名金砖。又因金砖制成后要运至北京的京仓，以供皇宫专用，故又有“京砖”之称。金砖的制作过程非常复杂而且漫长，一块金砖的完成大概需要八到九年的时间。

这种世界上独一无二的金砖出产在苏州郊外。因为苏州土质细腻含胶状体丰富、可塑性强，制成的金砖坚硬密实。而且苏州靠近大运河，运输方便，可以从水路直达北京通州。几百年来，它的工艺代代相传，延续至今。有资料记载，在光绪三十四年（1908），江苏苏州的御窑村还有御灶二十四座，“金砖”就是在这一年停做的。现在御窑村的村民姚兴民家中藏着多块“金砖”，其中两块是明代正德元年（1506）五月出窑的，应该算是现存最古老的“金砖”了。

半亭花窗两边有对联一副：

狮子窟中岚翠合；

细林仙馆鹤书频。

狮形石峰的大孔小穴中吐纳的岚云与翠色紧紧融合，这说的是北院狮形太湖石峰。院中古树献翠，峰穴吐云，可于想象中获得山林之趣。细雨润泽的山林仙馆中征贤的鹤头书信频频传来，意为高扬园主的贤能清高，他们颇得皇帝的青睐。

半亭与小方厅相连。进小方厅，左右各有一大型空窗。东窗外是一株素心蜡梅，花立枝头，在粉墙墨色窗棱的映衬下，如一幅“寒梅图”；西窗外则竹木青青、石峰峻峭，一派勃勃生机，是一幅“竹石图”。两幅“图画”，两味野趣，布局精巧，无言小诗一般，点活了小方厅。

以窗洞、门洞为画框，把外面的山水美景或人文景观包

东窗“框景”

西窗“框景”

素心蜡梅

含其中，构景上称“框景”，是借景的一种，也是中国园林艺术的巧妙手法之一。《园冶》中谓：“借以粉壁为纸、以石为绘也。理者相石皴纹，仿古人笔意，植黄山松柏、古梅、美竹，收之圆窗，宛然镜游也。”李渔也谈及室内设“尺幅窗”或“无心窗”以收室外佳景，这也是框景的应用。框中之景是立体的，游人移步则景色随之转换，观赏到的景象也会随季节与天气的变化而变化。如西窗这一株素心蜡梅，夏秋之际，框中一片绿意，枝叶繁茂；冬春交接，金黄缀雪，梅花傲立枝头，“枝横碧玉天然瘦，蕾破黄金分外香”，尽显造园主人匠心独运。

小方厅不像一般的厅堂屋脊高耸，它的房顶较低，正中是一块平顶，四周有微微向上的缓斜坡，因为它曾是用作宾客集会唱曲听戏的场所，房顶建造成这样的形状有利于声波向各个方向反射，充当了扩音器的角色，从而增强了音量和传递效果，使得厅内各个角落的人都能听到乐曲唱词。这是造园者的智慧。

厅内左右墙上挂有国画屏，分别绘四季花卉如牡丹、荷花、菊花和蜡梅，游客在这里既能欣赏到文人的笔墨画作，又可领略大自然的鬼斧神作，妙不可言。

小方厅正中挂钱经明所撰对联一副，曰：

石品洞天，标题海岳；

钟闻古寺，境接嫏嬛。

钱经铭，字寄螽，一生沉浸碑版，尤喜好石鼓，与吴昌硕相友善。此联作于狮子林主人修葺园林第十七年，即1935年。上联是说狮子林假山巨峰气势雄伟，峰体多孔穴，形体俯仰多姿，宋米芾曾经做过标识和题记。下联说从古寺传来进斋的钟声，与嫏嬛雅境相近。古寺钟声，以动衬静，愈显出环境之清幽。此地原为“菩提正宗寺”的一部分，万历二十年（1592）名为“圣恩寺”，清乾隆十二年（1747）改为

小方厅对联

“画禅寺”，并筑墙将佛寺与园景分开。寺院僧侣进斋，必以鸣钟为号。嫏嬛为传说中天帝的藏书处，后泛指珍藏书籍之所在，也借指仙境。“境接嫏嬛”，已将此园诱人胜景透露出来，具有引人入胜的魅力。

出小方厅，南门还有一联，曰：

红药当阶，越鄂相辉堆绣被；

青峰架石，郁林遥望迓归舟。

款署“狮子林厅壁乙亥嘉平敬题，彭谷孙并书”。描写芍药花在阶前翻动，色彩绚烂，就如当年被鄂君举起来覆盖越女的绣被；青峰架在石上，好似汉代郁林太守回乡时镇船的廉石。

上联引一民间传说。春秋时期，楚王同母的弟弟鄂君子皙是个美男子，当时在越国“官为令尹”。越人都喜欢他的美貌，作《越人歌》赞赏他。一天一位划着小船的越国美女在河边看到了鄂君，唱这首歌表达对他的爱慕之情，“山有木兮木有枝，心悦君兮君不知”。鄂君为少女的美貌和歌声所倾倒，在船上盖着绣被与之成欢。唐李商隐有“锦帏初卷卫夫人，绣被犹堆越鄂君”之句。

廉石

对句则出自

一个真实的故事。三国时吴人陆绩在广西任郁林太守，为官公正廉洁，两袖清风。他乘船回乡时，夫妇幼儿除简单行装和几箱书籍外，无东西可带，以至舟轻不胜风浪，难以入海航行。陆绩只得令船工搬取一块巨石压舱，方得以平安返归故里。回到姑苏后，陆绩舍不得丢弃此石，便将其置于临顿里北端旧宅（今拙政园处）院中，在明代被刻上“廉石”二字并着以红色，现存苏州碑刻博物馆。后人用“廉石压仓”的典故赞誉为官清廉。

由此联对时任园主的情趣和品格也可窥一二。

九狮峰

出小方厅，可见靠北墙花坛内，有一座高大的太湖石峰。初看此石峰，涡孔遍布，嶙峋奇特，石纹天然，形态俯仰多变，气势雄伟。仔细端详，依稀可见九头不同姿态的小狮子，有怒吼的，有酣睡的，有嬉戏打闹的，或躺或立，或大或小，或肥或瘦，似在嬉耍，故名“九狮峰”。

苏州园林中喜用太湖石。在宋代，太湖石被用于造景，当时许多名峰即为巨型完整的太湖石。到后来，大块姿态多变的太湖石已不多见，一些能工巧匠，就以小块叠砌，堆成太湖石峰。九狮峰用若干块湖石镶嵌接叠，无斧凿痕迹，浑如一块，叠石技艺相当高超，为狮子林众多湖石峰的代表之一。因此，九狮峰虽非完整巨石，仍然为园林中太湖石峰的上品。石峰后粉墙衬托，勾勒出峰石清晰的轮廓，左侧有次

九狮峰

峰相配，翠竹摇曳，更显出峰石的奇曲高峻，变幻莫测。

观赏此石如看空中云多变幻，须配合想象。石之妙，妙在似与不似之间。石峰乍看为一多孔穴的石峰，据说原是九头并立的石狮，传说乾隆帝当年在观赏狮子林这块巨型太湖石时，就曾看到九头狮子，故名九狮峰。虽已风化，仔细端详，依稀可见九头不同姿态的小狮，神似比形似更有神韵。又说，"九"通常寓意数量多，并非实指。今天导游会告诉游客，谁若能看到五头狮子，说明他的想象力已经很丰富了。

打盹亭

打盹亭

峰后院墙辟有四个花窗，分别为琴、棋、书、画四物，精美而又古雅。称“四雅”，代表着弹琴、弈棋、读书、作画四种技艺，所以也称“四艺”，以“古琴”“棋盘”“线装书”和“画卷”表示。峰畔植有罗汉松，在中国传统文化中罗汉松象征着长寿、守财，寓意吉祥，树姿挺拔，古雅葱郁。

九狮峰所在的庭院里有一座小亭。东半亭是敞开式，内有“宜家受福”砖额，与祠堂两厅相通。“宜家”，即“宜

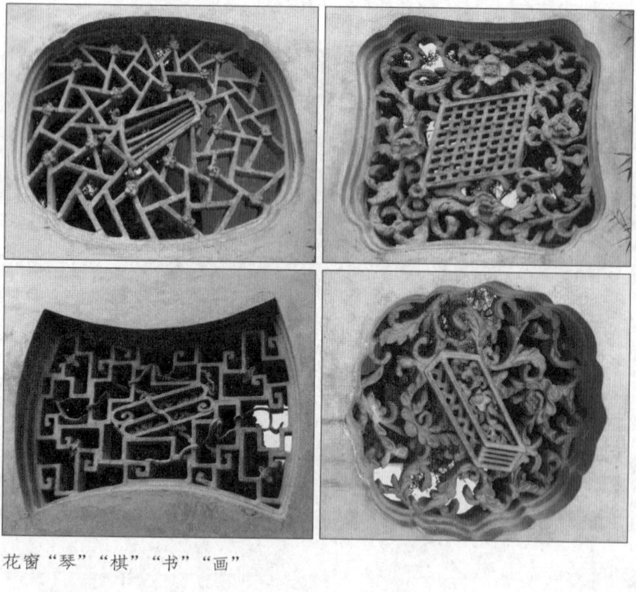

花窗“琴”“棋”“书”“画”

打盹亭内部

其室家”之意，见《诗经·桃夭》：“之子于归，宜其家室。”朱熹传曰：“宜者，和顺之意；室者，夫妇所居；家，谓一门之内。”后指家庭和睦，共享大福。

西半亭为封闭式结构，是一间镶嵌七彩玻璃窗的小阁，挂有“打盹亭”匾额。园主信仰佛教，设此亭，以坐禅悟性，“打盹”乃半睡半醒的样子，实际上是一种悟禅“入定”状态。此亭因与东半亭呈对照格局，也名“对照亭”。

沿东廊北行，前后有“息庐”“安隐”砖额，意思是舒适的休憩之所，安静的隐居之地。门内又有幽静小院。经过小院的西走廊，可以到指柏轩后廊。院东有门，通向原园主的住宅。

如果从北院向西行，在九狮峰左侧，可发现一海棠式门洞，门洞上有砖额“涉趣”“探幽”。涉趣，为东晋陶渊明《归去来兮辞》中“园日涉以成趣”的缩语。探幽，意谓自此而往，将有更优美的胜景，以激起人们寻幽探芳的兴趣。从花园到住宅小庭园，峰石迎门，也为障景的一类。

花园·主假山区

以大假山为中心景区，四周辅以指柏轩、见山楼及卧云室等建筑，构成狮子林花园的主假山区。指柏、见山、卧云三个名字，既有各自的禅意内涵，又从侧面反应了主假山区的整体景观特点。指柏轩高爽玲珑，南对假山，下临小池，假山上古柏苍劲，皆成画意。见山楼，“悠然见南山”，登二楼可览群峰，奇石峰峦如云似海。卧云室位于大假山中央的平地上，四周山石环抱，远远望去，飞檐高翘犹如卧在云石之上。

指柏轩、见山楼

穿过九狮峰西侧海棠门，可见一高大楼阁，楼前庭院中有广玉兰和金桂各一对。广玉兰原产于美洲，又称“洋玉兰”，由于花朵硕大，形似荷花，故又称“荷花玉兰”。盛夏，广玉兰树姿雄伟壮丽，叶阔荫浓，如荷花般芳香馥郁；入秋，金桂飘香，香溢四方，清可荡涤，浓可致远。值得一提的是，桂花也是苏州的市花。

元代狮子林的指柏轩前有天如禅师遗留桧柏，枝干如

指柏轩

指柏轩廊柱篆书

龙盘虬扎，故称“腾蛟”。然松柏久已不存，现在近对面假山上有后来补植的柏树。

指柏轩又名“揖峰指柏轩”，狮子林作为现存的唯一一座“禅意”园林，这里曾是禅僧讲公案、斗机锋的场所，取“赵州指柏”的典故。有僧人问赵州：“如何是师祖西来意？”州云：“庭前柏树子。”那意思就是找不到答案，你去问庭前的柏树吧。禅宗公案里的一般人看来晦涩难懂的问答，从中实则能参悟到很深的道理。所以“指柏”二字，本身就包含了这层禅宗的意味。

如今的指柏轩为民国初年贝氏重建的三进三间重檐二层楼阁。此楼体量较大，底层副阶周匝，屋顶檐角高翘。轩底层四周为围廊，楼上层缩进。轩面阔五间，黄瓜环脊歇山顶。（指柏轩）翻轩有挂落。廊柱上挂篆书对联一副，曰：

丘壑现奇观，古往今来，世居娄水。历数吴宫花草：顾辟疆、刘寒碧、徐拙政、宋网师，屈指细评量，大好楼台夸茂苑；

溪堂识真趣，地杰人灵，家孚殳山。缅怀元代林园：前鹤市、后鸿城、近鸡陂、远虎丘，迎眸纵登眺，自然风月胜沧浪。

此联原为吴县费德保撰，鲍宇洪书，后毁。今款署“狮子林旧联，癸亥（1983）年，四明柳北野重撰，时年七十又四”。

上联列举了姑苏城众花苑楼台的鼎盛时期。“顾辟疆”：顾辟疆是晋吴郡人，历郡功曹，平北参军。他建造的辟疆园是苏州最早的私家园林，唐陆龟蒙有“吴郡辟疆园，在昔胜概敌”的诗句，李白亦有“竹暗辟疆园”之句。“刘寒碧”：寒碧山庄，即今天的留园，清嘉庆年间园主刘恕以故园改筑，又称刘园。“徐拙政”：拙政园原为明王献臣所建，园建成不久，王便去世，其子不肖，一夜豪赌，将园输给太仆

指柏轩内景

寺卿徐泰时，故称。“宋网师”：清乾隆时曾官至光禄寺少卿的长洲（今江苏苏州）宋宗元在原“万卷堂”故址重治别业，作归老计，初名“网师小筑”，后名“网师园”。“茂苑”：原为吴王园圃，后泛指苏州。

下联所列地名：“鸿城”，在苏州娄门外，古越王城；“鸡陂”，在娄门外，原吴王养鸡城；“殳山”，浙江有殳山，此处与“娄水”对文，当借指园中拟态假山，以此巧妙地点出狮子林在苏州诸园中的地位。

步入轩内，可见厅堂抱柱有隶书对联，姚宝燕撰，钱经铭书，联曰：

看十二处奇峰依旧，遍寻云虹月雪溪山，最爱轩前千岁柏；

喜七百年名迹重新，好展朱赵倪徐图画，并赓元季八家诗。

上联突出千岁古柏，此柏兀立于轩前五六百年，堪为园林兴废的历史见证。奇峰古柏与轩额正合。这里的“云虹月雪”指晴云峰、吐月峰、虹形桥、雪堂小溪山等园中景物。

下联“朱赵倪徐”指朱德润、赵善长、倪云林（倪瓒）、徐幼文（徐贲）四位名画家，他们都曾为狮子林作过画，使狮子林名声鹊起。“八家诗”，盖指元末高启、张适、王行、谢徽、申屠衡、张简、陶琛、释道衍等八位诗人合作，于明洪武五年（1372）作有《狮子林十二咏》，赞美狮子林的胜概。

轩内屏门正中上悬王同愈所书“揖峰指柏”匾，“揖峰”取自朱熹诗句“前揖庐山，一峰独秀”，拱手礼对奇峰，将山石人化，表示对山石的热爱尊崇之情；“指柏”，系以禅宗公案故事名，也有解为高启诗句“人来问不应，笑指庭前柏”。王同愈（1856—1941），江苏元和人，光绪十五年

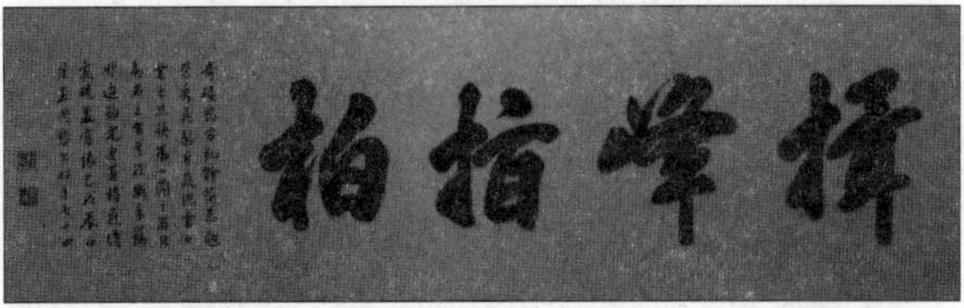

“揖峰指柏”匾额

(1889)进士，晚清民国年间著名学者、藏书家、书画家、文博鉴赏家。曾与张謇等主持江苏省铁路事宜。辛亥革命时，隐居上海，晚年定居嘉定。长于算术，著有《栩缘随笔》等。

匾额下悬挂一幅《寿柏图》，为苏州众书画家于1988年春节合画，张辛稼画红梅，吴敉木写古柏，徐绍青绘湖石，费新我书款。

轩中红木家具和字画陈设与正厅相仿，皆庄重典雅。正中有天然几、花架、供桌、太师椅，两旁各有茶几太师椅。轩正中央置青铜色鼓，古色古香，俗称“诸葛鼓”。传此鼓为诸葛亮所创制，故名。鼓面中央有十二角星，内外圈饰有等距离圆点，是古代的打击乐器。

诸葛鼓

楼北侧正中建有楼梯间，可登二楼。二楼又称听雨楼，现为茶室。因园主于此收藏《听雨楼帖》石刻拓片而得名。正中挂周谷城“一峰独秀”匾，额取意于宋朱熹的《游百丈山记》“前揖庐山，一峰独秀”。在此凭窗眺望，园中景色大半在目，可见对面奇峰林立，假山上罗列石峰石笋，山石缝中古木虬根盘绕，卧云室的飞檐隐现于大假山之上。

此楼所在之处为园中较重要位置。它北靠园墙，有两个小天井分于楼梯间左右；东面庭院中植有蜡梅、梧桐，西面一片竹林，清静幽雅，与古五松园隔廊相望。楼南面视野开阔，景色多姿：东南面有海棠形月洞门可通小方厅；西南面有见山楼耸立，曲廊转折可通花篮厅；正南面与湖石假山形成对景，奇峰林立，石笋挺拔。有一条小溪名曰“玉鉴”，

指柏轩二楼

横于楼前，溪上架弓形石桥，俗称“玉鉴池弓形桥”，简称“弓形桥”。玉鉴池为狮子林著名的八景之一，弓形桥因玉鉴池而闻名遐迩，可由此信步而上湖石假山。

弓形桥通向大假山

指柏轩前有见山楼，楼名取自陶渊明“采菊东篱下，悠然见南山”。此楼倚山临水而建，二楼有门，直接通假山的山道，登楼可尽览园内山水佳景。见山楼的面积仅为指柏轩的十分之一，衬托出指柏轩的高大，也不与假山争高低。

见山楼

从指柏轩庭院西行拐入深深走廊，即可到五松园。

大假山

著名的园林学者童寯先生早在《江南园林志》中说过，狮子林的假山群是现存的古代假山中最为复杂、占地面积最大的实例。

过指柏轩前的弓形桥，即来到太湖石堆叠的大假山，这是我国古典园林中现存最著名的假山群。太湖石盛产于太湖地区，古今闻名，是一种用作观赏的石头，坚实而润泽，险怪而玲珑。其色泽最能体现“皱、漏、瘦、透”之美。太湖

大假山　唐朝摄

假山局部　张嘉佳摄

石分为水石和干石两种。水石是在河湖中经水波荡涤，久历侵蚀而缓慢形成的。干石则是地质时期的石灰石在酸性红壤的历久侵蚀下而形成。据《清异录》载：五代后晋时开始有人玩赏太湖石，到唐代开始特别盛行。唐代身居相位之尊的牛僧孺就是一个酷爱收藏太湖石的人。他在府第归仁里和南郭的别墅收藏了许多太湖石，白居易称他“休息之时，与石为伍”，甚至到了“待之如宾友，亲之如贤哲，重之如宝石，爱之如儿孙”的地步，可见其爱石之深。白居易曾写有《太湖石记》专门描述太湖石，《云林石谱》中也专门有记载。而北宋末期，宋徽宗建造名为“艮岳”的皇家园林，命重臣督办所谓“花石纲”，在江南一带广事搜求的，便是它了——还因此引发了农民起义。另有记载，当年惟则所创建

西部水假山“十二生肖”

狮子林用的太湖石，正是“花石纲”的遗物。历史上遗留下来的著名太湖石有苏州留园的“冠云峰”、上海豫园的“玉玲珑”、苏州市第十中学校园内的“瑞云峰”等。除天然形成的以外，太湖石也有匠人参与加工的。据明代林有麟著《素园石谱》记载：“平江（今苏州）太湖工人取大材，或高一二丈者，先雕置于急水中舂撞之，久之如天成，或以熏烟，或染之色”。

审美的法则告诉我们，赏石的品评标准，是在似与不似之间。大自然的造化之功固然神奇，但是太湖石的造型，也只能是与世间的某种物象大体相类。不过这正好可以让人们带着关于狮子的寓意，在一种约略类似的形象中，用自己的体验去生发丰富的联想。据说乾隆能够看出山石中的太狮、少狮、狮舞、狮卧、狮吼及狮子相斗等五百种形象，数目与佛经中相传的“五百罗汉”相同。

狮子林的大假山群三面环水，拔地而出。整座假山高低错落，连绵起伏，充分体现了营造者堆叠的匠心与铺排的气魄。整个假山分上、中、下三层，并有水旱之分，东部的假山位于高地，遇有滂沱大雨，也能一泄而干，故称旱假山；西部的假山临水而垒，因山水相依，故称水假山。

另外，营造者独到的构思，还表现在对于假山群中的游览路径的设计上。整片假山共有九条路线、二十一个洞口，占地1.73亩，高低俯仰，上下内外，峰回路转，实为奇观。山上遍布奇峰巨石，大大小小的湖石各具姿态，多数像狮形，

假山出口　张嘉佳摄

也有似鼋、如鱼鸟的，千奇百怪。山体西侧，涧水一道，分假山为涧东、涧西两部分。西部假山石洞盘旋曲折，比较平缓；东部假山洞穴奇多，高下盘旋曲折，来回往复，连绵不断，奥妙无穷，具有岩壑曲折之幽，峰回路转之趣。这些路径，或盘桓于高崖，或回环于低谷，曲折迷离，像一座叠石迷宫，给人造成了不同于一般园林的奇情险趣，并让人体会到了禅宗的意境。尤其是在进入迷津一般的洞壑之后，洞外明亮的光源，与洞内幽暗的光影所形成的对比，更是催发了人们的游兴。

游客可以在此钻一钻布局奇巧的山洞。沿着曲径磴道上下于岭、峰、谷、坳之间，时而穿洞，时而过桥，高高下下，左绕右拐，来回往复，奥妙无穷。假山内外上下盘旋曲折，穿洞越谷似入迷宫，咫尺之间可望而不可即：明明看到出口就在自己前方数丈，甚至就在脚下，越想靠近却离它越远，越走越偏离方向。只有循山路而行才可出洞。据说乾隆皇帝在这里转了两个时辰也走不出来，可以想见其布局之精妙，路线之奇谲。

棋盘洞

在狮子林燕誉堂西墙脊有一尊铁拐李的泥塑，铁拐李和吕洞宾都是八仙成员，象征他们身份的标志是葫芦和宝剑。据传，铁拐李和吕洞宾曾来钻过狮子林迷宫般的假山，并在假山洞中纹枰对弈，留下一段美好而有趣的传说，游人至今仍可见到那令人遐想的棋盘洞。

由于这片区域原是寺中的后花园，因此狮子林的假山亦带有佛教的色彩。山腹中空灵曲折，宛如迷宫的洞穴，象征着佛法无边。实际上，“自性觉悟”而成“佛”者很少，而自性迷妄的“芸芸众生”却是大多数，高低俯仰，上下内外，峰回路转，仿佛自性迷妄的“芸芸众生”在没有“悟”道的时候，在洞曲如珠穿的假山洞里徘徊，最后才享受到了豁然开朗的乐趣。

卧云室

或穿行于嶙峋多姿的大假山中，或行走南墙临水的游廊上，或漫步于石拱桥，或伫立在湖心亭远眺，都能看到假山从中飞檐高翘，这是卧云室的屋顶。若是身在假山中摸索，看似离它很近，却很难找到抵达的路线。不过从燕誉堂北廊西门穿山洞西行，为通向卧云室的捷径。

卧云室位于指柏轩南面假山中央的平地中，宛如安卧于峰石间，而古人以为云触石而生，呼石为“云根”。古人晋张协《杂诗》：“云根临八极。”故小楼如卧云间，称为卧云室。亦取金元好问“何时卧云身，因节遂疏懒”诗句。从南面看，屋顶是横脊极短的歇山式；从北面看，楼阁向外凸出。抱

卧云室外观

厦内是楼梯，抱厦的屋顶是半个四方攒尖顶。两种形式连接在一起，造成奇特的外观，每层屋面内六只飞角，这种形制为它处所少见。楼阁飞檐高翘，造型充满动感，楼阁周围空间极狭，环以酷似群狮起舞的峰峦叠石，小楼恰似卧于峰峦之上，又似在石壁重重的山坳中，成为湖石假山上的中心景点。苏州园林中独此一“室”。

卧云室东、南、西三面有廊，北面为楼梯间，飞檐交错，显得轻盈，体量不大。此室原为寺僧静坐敛心、止息杂虑的禅室。楼阁与清幽的环境相得益彰，创造了“人道我居城市里，我疑身在万山中”的神秘意境。

程德全所题“卧云室”匾额悬于堂中。程德全（1860—1930），四川云阳人，宣统元年（1909）任江苏巡抚，在任期间重修苏州寒山寺。后退职，在常州出家，圆寂后葬寒山寺侧。

匾额下方萧澍霖所书楹联一副，曰：

吴会名园此第一；

云林画本旧无双。

联语出句写狮子林在苏州诸园中的特殊地位。此园融禅涵今，故风光与苏州诸园迥异：园之东南部峰峦峻奇，峰石模拟人体与狮形兽像，象征众僧率怪异狮兽在顶礼膜拜，寓佛教气氛；池西，则亭台楼阁，流泉飞瀑，颇富自然山水之趣，从这个意义上说，无愧为吴中名园第一。联语对句追溯了著名画家倪云林与狮子林的特殊关系。倪云林的绘画艺术在审美上被誉为逸格的顶峰。倪云林于明洪武六年（1373）应狮子林如海方丈之求画的《狮子林图》，“园景概括，笔简气壮，景少而意长。翠竹、秋山、寒林、寺居，气势

飞檐高翘

雄伟苍凉，显示了独特风貌”（钱培兴《狮子林图卷》）。倪云林擅长山水画，多以水墨为之，初宗董源，后参荆浩、关仝法，创用“折带皴”写山石，以表现体态顽劣之石，亦即江南黄石的景观，树木则兼师李成，好作疏林坡岸，浅水遥岑之景。意境幽淡萧瑟。倪在自题狮子林跋文中说：“余与赵君善长以意商榷作狮子林图，真得荆、关遗意，非师蒙辈所能梦见也。”朱德润、徐贲也都为狮子林作图。倪图现为珂罗版，其真迹传台湾。狮子林建园之初，淡静幽旷，与倪云林枯寒清远的画风相似，然因时代变迁，此园迭经修葺，今狮子林庭园华丽雕琢，已失去园初之貌，也与云林画风不同。

另有对联一副，曰：

曲径通幽处；

园林无俗情。

清王闿运撰。闿运，字壬秋，又字壬文，湘潭人，宣统间赐翰院检讨，晋侍读。经术文章蜚声于世，书法虽为余事，然小行楷书，别成一格。

上联出句取自唐常建《破山寺后禅院》诗："曲径通幽处，禅房花木深。"点出此地环境之美。此堂本为禅室，为佛家参禅之处，环境幽深、雅洁、清寂、静穆，人处其间，俗念顿消，自有一种超凡脱俗的气质，切合常建诗意。对句自晋陶潜《辛丑岁七月赴假还江陵夜行途口》作诗句"诗书敦夙

卧云室门前

好，园林无世情”化出，指出了中国古典园林的艺术特征，即着重意境的创造，寓有诗情画意——这种诗情画意又与中国的哲学、美学、文学思想紧密相连，能在闲适幽雅的景色画面中寓之以德，以园林怡情养性，故情调高雅脱俗。

花园·池北区

花篮厅、古五松园、真趣亭、石舫、湖心亭以及暗香疏影楼构成池北景区，也是整个花园的中心景区。花篮厅、真趣亭傍水而筑，装饰雕刻精美。古五松园在指柏轩西面，园里旧有五棵大古松，霜干虬枝，亭亭似盖，僻静幽雅。石舫是混凝土结构的旱船，形态小巧，体量适宜。暗香疏影楼亦楼非楼，跃假山之上而与之融为一体，设计颇具匠心。东西两岸有九曲桥通向湖心亭，湖心亭视野开阔，整个花园池景全貌一览无余。该景区主要体现造园艺术中建筑与水的巧妙结合，用水加深景观层次，拉伸视野广度；灵动的碧波映衬着精巧的亭台，一动一静，动静相宜。

古五松园

指柏轩西竹林边有条曲折幽深的走廊，通向古五松园。清康熙年间黄氏为园主时，园内有五棵合抱的大松树，郁郁葱葱，故当时称狮子林为五松园。古代文人骚客对“五松”历来有很多题咏。唐陆贽《禁中春松》有“不羡五株封”，唐李商隐《五松驿》有“独下长亭念过秦，五松不见见舆薪”，皆源于秦始皇。据传秦始皇登泰山遇雨，避雨松树下，因此这株松树被封为“五大夫松”，故松又别号“五大夫”。后人误以为是五株松树，故称五松。

精雅的古五松园过道

20世纪初，狮子林内古松无存。贝氏从湖南购得百岁白皮松五棵，其中四棵植假山之上，一棵种在立雪堂庭院，并在这座花厅挂匾“古五松园”以作纪念。松树岁寒不凋，凌风劲节，给人以高洁坚毅之感，可见贝氏园主以松自喻，寓托抒怀。

古五松园前廊洞门砖刻“兰芬”“桂馥”。兰桂芳香，香味久远，用来表示园主德泽长留，喻指其品格高洁。

花厅长窗落地，装饰以落地芭蕉图案挂落。厅内有“古五松园”匾额，由时年一百零一岁的老人苏局仙题于1982年。传苏局仙为苏东坡第二十八世孙，清代末科（1906）秀才，工诗及书法。此匾用墨浓枯相济，苍老中显秀润，质朴中见雅俊。

匾额下方是木质屏门，挂有李鱓所绘《五松图》。图中有五棵松树，三棵直耸两棵斜倚，上不显顶，下不画根，只取嶙峋树干与松枝松叶中间一段。《五松图》在“文革”中被收

古五松园内景

桧柏

东院

西院

藏起来，现挂出为修复原本还是临摹作品，不得而知。

李鱓（一作鳝）（1686—1762），江苏兴化人，清代著名画家，扬州八怪之一。画风大胆泼辣，挥洒自如，感情充沛，富有气势。

花厅东、西都有庭院。东院内有半亭一角，北面园墙高筑。院中东南角以石峰遮蔽视线，游人初到，建筑半隐半现，稍露头角；转入园中，方觉开朗。庭中元代五棵大松，今已不存，然石峰散立，北有桂花，秋日丹桂飘香，南有树龄三百七十年的桧柏，四季常青。此桧柏主干不高，分成三枝，两枝已枯，仅一枝翠绿。桧柏要有百年树龄，树干才开始扭曲，奇姿古态。在苏州光福镇司徒庙内也有四株古桧，由于姿态奇古，而分别得“清”“奇”“古”“怪”之名。西院方正整齐，中央有花木湖石。花坛中植石榴、女贞、山麻杆各一株。山麻杆在初春里绯红烂漫，石榴花在盛夏娇艳似火，女贞则终年常绿，四季园中之景皆色形相宜，妙趣横生。

得其环中

古五松园东院曲廊通向指柏轩，此处月洞门宕有砖额“得其环中”，“环中”即圆环之中心。出自《庄子·齐物论》:“彼是莫得其偶，谓之道枢。枢始得其环中，以应无穷。”“环中，空矣，今以是非为环而得其中者，无是无非也。无是无非，故能应夫是非，是非无穷，故应亦无穷。”象征灵空超脱无是非之境界。

花篮厅

从指柏轩西廊南口和古五松园南口，都可通向花篮厅。

这里本名“荷花厅”，民国三十四年(1945)曾在此举行苏州侵华日军向中国军队投降仪式。当时的狮子林属于

花篮厅内景

垂莲柱

贝家祠堂，须凭达官贵人的名片才能入内。举行仪式那天，狮子林周围布满岗哨，戒备森严。会场设在池畔的荷花厅。厅内桌椅排成特殊的马蹄形，马蹄形的相对两面，中日各占一排。受降仪式开始，中日军官鱼贯而入，肃立等待。随后，一位国民党军队的中将带领随从，大踏步进入马蹄形的正中座位。中将宣读受降令后，开始按军品所列项目，由日方一一交出清单，中方当面一一验收。比如，负责骡马组的日方军官听到命令后，低头走到对面负责接收骡马组的中方军官面前，鞠躬后呈上清单，然后恭恭敬敬退回原处。短短一个小时，日寇在苏州屠杀中国人民的各类武器和装备，全部回到中国人民手中。

1968年4月的某日傍晚，荷花厅被一场大火烧毁，起火原因至今不明。1975年，当时的苏州市园林管理处用人民币三万元买下了苏州长风厂招待所内原郑氏楠木的姐妹厅，并将其中朝南的一个厅移建到原荷花厅位置上，就是现在的花篮厅。

所谓花篮厅是一种小型厅堂，厅中步柱不落地，改成很短的垂莲柱悬在上空，既扩大了室内空间，显得高敞，又增添了装饰性。步柱下端垂有用黄杨木雕刻而成的四只花篮，分别为梅、兰、竹、菊，精巧别致。若有喜事的时候，花篮里还会插上花，以示喜庆。站在厅里抬头，可见中间两个垂莲柱、东西两个垂莲柱半隐壁间。花篮厅有草架梁，依靠两端搁在两侧山墙上。梁选用了坚实的硬木作为材料，梁与吊柱用铁环连接。由于受木材力学性能的限制,所以花篮厅的面阔一般较小，进深也受限制。

厅正中屏门上刻有巨幅《松寿图》，图中有松、竹、兰、芝，清雅古朴。

屏门上有隶书横匾“水壂风来”。水壂，即水边之屋。“壂”与“殿”同义。唐王昌龄《西宫秋怨》：“芙蓉不及美人妆，水殿风来珠翠香。”宋苏轼《洞仙歌词》云：“冰肌玉骨，自清凉无汗，水殿风来暗香满。”此处正取苏轼诗意，突出了此屋的地理位置和景观特色——临水之厅，厅南一池，夏日荷花凌波，清香飘溢填满屋子的每个角落。

屏门两边有楹联，曰：

尘世阅沧桑，问昔年翠辇经过，石不能言，叠嶂奇峰还似旧；

清谈祗风月，于此地碧筩酣饮，花应解语，凌波出水共争妍。

上联发思古之幽情，回忆当年清乾隆皇帝游狮子林之事，沧桑经年，往事如水，如今峰峦叠嶂依旧，真是“向之所欣，俯仰之间，已为陈迹”，颇有今昔之感。这里“翠辇”，指以翠鸟羽毛饰车盖的皇帝用车，此借指乾隆当年游园之事。

冰纹窗

刘沧《经炀帝行宫》：“此地曾经翠辇过，浮云流水竟如何？”两者感慨颇为相似。联语对句盛赞此地景色之美、游观之乐。盛夏之时用荷叶制成的酒器称作碧筒杯。此厅临池，眺望池南，假山成岭，连绵不断，水边露岩，凹凸自然。夏日，池中荷花遍布，翠盖红裳，清香宜人。在此欢饮赏荷，雅情逸兴，又有花石助趣，其乐无穷。联语中用了五代后周王仁裕《开元天宝遗事》中的典故：“明皇秋八月，太液池有千叶白莲数枝盛开，帝与贵戚宴赏焉。左右皆叹羡久之，帝指贵妃示于左右曰：‘争如我解语花？’”后因以比喻美人为解语花。陆游《闲居自述》：“花如解笑还多事，石不能言最可人。”这里将荷花拟人化，可指仙女。曹植《洛神赋》中有“凌波微步，罗袜生尘”句，“凌波”即指仙女，此可指荷花仙子。“清谈祗风月”出自一则典故：南朝梁时，徐勉官至左仆射中书令，为梁武帝掌书记，参与朝章仪制及中枢机要的议策，又善属文，著述极丰。他曾与门人夜集，有个叫虞衙的人以谋官事相求，徐勉即收敛笑容，正色：“今夕只可谈风月，不宜

远观花篮厅　唐朝摄

及公事。”遂拒绝了他的非分之求。此指文士欢宴清谈的内容都不关世俗、功名、利害，特别畅神。此联述古论今，含有极其丰富的历史内涵，又切合此地的景物，耐人寻味。

屏门背后是木刻《乐志论》，为王同愈所书。旧时，屏门前置琴桌，桌两旁各有落地瓷花瓶，高达1.2米，花瓶表面绘有传统戏文。厅的东西墙上各挂有两块红木大理石屏。现厅内陈设与正厅祠堂相似。

花篮厅面水而筑，前有平台。厅南十四扇落地长窗，各刻有唐诗一首，厅北六扇长窗均刻有山水人物琴棋书剑相关的故事。落地窗的裙板上都是花篮，造型别致。东西窗格作冰纹图案。

厅南有露台，这里原来有贝氏建造的铁柱玻璃天棚，仿西洋古典式，现已不存。平台深入湖中，一池碧水在脚下汩汩生姿。夏日站在露台上，可望见荷花凌波，闻见清香飘溢，眼前楼台亭阁、峰石叠嶂，倒映入池，随波摇曳，美不胜收。

花篮厅还有“缘溪”“开径”砖额，“缘溪”取陶渊明名篇《桃花源诗并记》中的名句：“缘溪行，忘路之远近。忽逢桃花林，夹岸数百步，中无杂树，芳草鲜美，落英缤纷。”这是启示性题咏，借名篇名句，点染环境，引人咀嚼回味，诗香满口。“开径”则有不同的说法。《三辅决录》载：汉时蒋诩隐居后，曾在他的庭院的竹子下，开小径三条，只与求仲、羊仲两人来往。求、羊两位是逃名不出的隐逸高人。《群辅录》载：求仲、羊仲，不知何许人，皆治车为业。挫廉逃名。蒋元卿(诩)之去兖州，还杜陵，荆棘塞门，舍中有三径不出，惟二人从之游，时人谓之“二仲”。谢灵运有“惟开蒋生径，永怀求羊踪”。此亦指隐居之处，过从最密的朋友也是隐士，寓主人孤高自赏、不与世俗之人交往的高远情怀。

另有砖额“襟袭取芳”，意指襟怀盈溢芳香。

平台西部紧连假山，有山洞通向古五松园。此山洞与另一山洞相邻，后者又连接真趣亭东南通向九曲桥。两洞从洞壁涡孔中互相望见，却无法走通。在远处看，又似整体小假山，与池对岸的大假山遥相呼应。

真趣亭

真趣亭位于水池南岸，傍池而筑，后有复廊，面对假

真趣亭

山，是赏景佳处。

此亭为卷棚歇山顶式，为花篮厅式面水轩。有落地屏风、房梁及梁柱等厅堂基本格局，然三面不设窗，均置吴王靠，故可称为厅又可称亭。亭内结构装饰精美，屋架、梁柱刻有凤穿牡丹图案，扁作大梁上为菱角轩和船篷轩，房梁饰有“秀才帽”图案，寓意“秀才本是宰相苗”。亭内前二柱为花篮吊柱，后用屏隔成内廊。六扇花鸟屏风长窗雕得剔透嵌空，对视线隔而不断，上面刻有花卉、人物图案，构图对称、均衡。亭东、南、西三面靠椅雕有坐狮及万字花饰，彩绘鎏金，雕梁画栋，富丽堂皇，显示出与私家园林截然不同的皇家气派。

亭正中悬匾“真趣”，金底绿字，是清高宗在乾隆三十年（1765）南巡时来狮子林所题。

乾隆帝酷爱游山玩水，尤其爱江南之景。他曾六次巡幸江南。而从第二次南巡起，每次都要游狮子林。

乾隆二十二年（1757），二巡江南，带了倪瓒的《狮子林横幅全景图》展卷对照观赏狮子林。赐匾“镜智圆照”，又题五言诗《游狮子林》。乾隆在诗中声称“早知狮子林”，在这儿见到了“松挂千年藤，池贮五湖水”与“假山似真山”。他觉得狮子林不像在闹市，而“疑其藏幽谷”，又似人间仙境，且在装修方面与“亭台乃一新”的寒山别业相比，是“未饰乃本然”。此诗现刻在狮子林御诗碑上。

五年后（1762）。乾隆三巡江南，为狮林寺题额“画禅寺”，留下七律二首，其一题在皇帝亲手临摹的《狮子林图》上“命永藏吴中”，另一首《游狮子林得句》题在倪图上空白处，赞狮子林“一树一峰入画意，几湾几曲远尘心”。

雕梁画栋的真趣亭

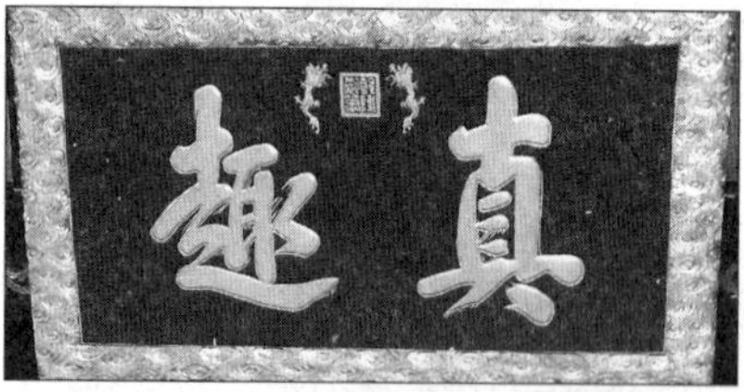

“真趣”匾额

乾隆三十年（1765），皇帝第四次南巡，为狮子林题“真趣”匾，命赏给园主黄氏兄弟每人一匹缎子，写下《游狮子林即景杂咏》七绝三首与七律一首，其中绝句之一是“城中佳处是狮林，细雨轻风此首寻。岂不居然闹市里，致生邈尔濮濠心”。律诗中声称“每阅倪图辄悦目，重来图里更怡心”，自认为摹图不如倪图“笑似雷门布鼓音”。乾隆去浙江后回京，途中小住苏州，又去狮子林，留七律《再游狮子林》，“却爱狮林城市间”。回京后，他用十三万两银子在长春园内仿建狮子林，用银七万两在避暑山庄再仿建狮子林，且摹两份倪图各置其中，原图收藏于“石渠宝笈”。

乾隆四十五年（1780），乾隆第五次南巡，在《狮子林再迭旧作韵》中道：“山庄御苑虽图貌，黄氏倪家久系心。”意为二处仿建狮子林仅为“图貌”，“略看似矣彼新构，只觉输于此古林”。四年之后（1784）最后一次南巡时在《游狮子林三迭旧作韵》中道：“粉本石渠藏手迹，写虽因手运用心。”表明在临摹倪图时用心运手，又道：“六度南巡之事既藏，亦不再拟命驾矣。”又自问：“真山古树有如此，胜日芳草可弗寻？”因“六度南巡止”，只能“他日梦寐游”了。

乾隆帝共五次游狮子林，并留下了大量题字和“御制诗”，足可见他对狮子林的喜爱和赞赏。

关于“真趣亭”名字的由来，民间有传闻一则。乾隆下江南游狮子林时，见园中假山重叠，峰回路转，树木疏密有致，一泓碧水，几曲小桥，秀丽俊雅，一时雅兴大发，唤随从备砚，挥笔写下“真有趣”三字，赐作匾额。边上陪同的苏州黄氏状元一看，觉得皇帝题的这样三个字未免太俗气，流传后世恐失水准，灵机一动后便向乾隆说：“万岁御笔千金，微臣一贫如洗，叩请皇上把中间的‘有’字赏给奴才吧！” 乾隆何等聪明之人，当即听出弦外之音，领悟到省去“有”字方显脱俗风雅，又合宋王禹偁“忘机得真趣，怀古生远思”诗句，便顺水推舟，恩准赐黄“有”字，只剩“真趣”二字。这便是真趣亭的由来。

关于这个“有”字，民间还有个传说，狮子林乃苏州黄轩状元的祖产，后家道中落，转手卖给了他人。此次陪同乾隆游玩狮子林，看到乾隆所题的“真有趣”这三个字，灵机

清乾隆《南巡盛典》所绘狮子林图

一动，觉得要回祖产的机会来了，于是向乾隆讨要这个“有”字，皇帝没多想就给了他。黄状元一转身就向现在的园主人要这宅子。皇帝都说“有”了，园主人也没办法，只好忍痛割爱重新归还给他。

以上只是民间传说。史料有明确记载，清乾隆初，寺园已由衡州知府黄兴仁买下，变为私家园林，名涉园。黄兴仁，字元长，号藹堂，清安徽休宁古林人。初为刑部江西司员外郎，清雍正升任刑部福建司郎中，平乱治边有功，授湖南衡州知府，又代理衡永彬桂道。年老辞官后，在苏买下建于元代而一直作为高僧修行地的狮子林（一说从张士俊购得），而后终因家道中落转于他人之手。狮子林燕誉堂贝润生《重修狮子林记》文，有“黄氏之废园”一语提及此事。

乾隆四十九年（1784），乾隆南巡五幸狮子林时，身为内廷近臣的黄轩（黄兴仁之子）随驾而行。这一次，皇帝御题一“福”字赐轩。此“福”字匾现存于休宁博物馆。黄轩以其勤勉恭谨，京察一等，后提升为四川川东道。时值台湾用兵，处天府之地的川省协济军粮，轩行督办之职，终因劳累过度，病卒途中。乾隆闻讯十分痛惜，特命追加三品按察使之衔。黄轩于文化业绩方面亦颇有建树。他擅长书法，造诣甚深，并主持纂修宋代吴缜《五代史纂误》，还与王念孙、姚鼐、戴震等当世名儒分任纂修官、分校官，组织并直接参与了对因亡明战火而遭损毁的《永乐大典》的辑修校勘，这是一项以抢救文化遗存为目的的具有历史意义的宏大工程。然而黄轩为今人所知的，却仅止于他的狮子林故事。

“真趣”御匾下有金漆的楹联，为吴荫培所撰，联曰：

浩劫空踪，畸人独远；

园居日涉，来者可追。

此联描写出一种峭洁清远、遗世独立、忘怀一切的艺术意境。浩劫过后，指咸丰十年（1860）之战，留下一片空幻的世界，“畸人独远”，“独远”就是独往。所谓畸人者，“畸于人而侔于天”（《庄子·大宗师》）也，即精神世界与现实世界通过直觉而达到同一的人。下联化用陶潜《归去来兮辞》中“园日涉以成趣，门虽设而常关”“悟已往之不谏，知来者之可追”句意，描写的是东晋陶潜所追求并陶醉其中的一种闲适的生活乐趣。他对以往的官场生活作了痛苦的反

真趣亭内部

真趣亭南望

思，而对日常平凡的农居生活充满了质朴的眷恋之情，日涉庭院，赏景观物成为自己生活、兴趣的组成部分，从中真正获得了心灵的安适和享受。“往者不可谏，来者犹可追”，原是楚狂接舆劝谕孔子的话，表现出楚狂的一种飘飘然超越世间的神情。

吴荫培（1851—1930），苏州府吴县人。清光绪十六年（1890）庚寅科吴鲁榜探花。他曾自费赴日考察，回国后创办女子师范幼稚园、水利农林讲习所。辛亥革命后，他以“平江遗民”自称，息影家园，淡泊明志。民国初年他捐资创办“吴中保墓会”，保护了众多名人古墓。民国五年（1916），设修志局于沧浪亭，他与曹允源、蒋炳章一道出任《吴县志》总编纂。

吴荫培是个妻管严。一次有人赠送吴荫培两大瓮“惠泉酒”，闻此消息，亲朋好友自带酒具聚到吴荫培家饮酒。家人端出三壶，一会儿就喝光了，吴荫培急匆匆进里面去取，过了一会儿捧出一壶，并带着一脸沮丧的面色。大伙知道他怕老婆，故意戏弄他，痛饮而光，让他再添点儿。吴荫培踌躇半天，不说话。这时，就听到从屏风后面传来厉声：“哪儿来的这般讨人厌的歹客？难道不知老娘从来就小气的吗？”大伙赶紧四散而去。第二天，想起到吴荫培家来取杯盘酒具，他老婆说：“把这些留下当酒钱啦。”据说吴荫培对人总是扬头看天，大有富贵而且自傲的神色。独独一遇到他老婆，就诚惶诚恐，怕得要命。偏偏他老婆性子急，一有不称心的事，要不就打嘴巴打脸，要不就揪着头发揍他。吴荫培一声不吭，直挺挺地站在那里等着，好像木偶一般，任凭他老婆摆布。当时吴荫培算是个名人，城里人都知道他怕老婆的故事，这些成了人们取笑吴荫培的话柄。

真趣亭处北岸绝佳观景之地，四周风景如画。向东可见临水的花篮厅，向南则是近处假山与隔水相望的假山群。西边有山林瀑布，湖心亭、九曲桥和石拱桥把湖面分隔为近、中、远三景，层层递推，可纵深可明朗，意味深远。仲春四月，若是和风烟雨，轻笼薄雾，远处的倚墙长廊，近处的石桥、拱桥，四周的峰峦花草，若隐若现，像一幅细腻婉约的江南春雨图。站在亭内，面朝一汪碧水，将视线由东向南、向西缓缓移动，如同在看一幅徐徐展开的山水画，处处诗情画意。

石舫

出真趣亭，沿走廊往西数步，就到了石舫。

在自然景观里，有水就有舟。如果舟是石头做的，就不用担心会像木船一样顺水漂走，不用缆绳去系着，故人称“不系舟”，又叫旱船。在江南的园林里，往往有石船点缀其中，一是为了造景，且无普通船只的晃荡不安感；二是以石船的静止与沉稳，衬托池水的灵动和生命力；三则寓园主高洁、脱离尘俗、寄隐江湖之意。

中国胜景里，有以下这些著名的石舫：北京颐和园石舫、苏州狮子林石舫、南京总统府石舫、圆明园别有洞天石舫、泗水泉林石舫、扬州瘦西湖景区的南漪石舫、苏州拙政园香洲等。

狮子林石舫位于狮子林水池西北，东临真趣亭，北倚暗香疏影楼。由20世纪20年代最后一任园主贝氏仿照北京颐和园的石舫建造。

石舫四面皆在水中，船首的一侧有小石板桥与池岸相连，仿跳板之意。石舫四周安有八十六扇镶嵌彩色玻璃的和合窗，且用彩色方砖铺地。船身、梁柱、屋顶为石构，门窗、挂落、装修为木制。前舱耸起，屋顶呈弧形曲面；中船低平，为一个露天平台；尾舱上下二层，有楼梯相通，游人可上到二层眺望远景。其制作精巧，造型逼真，细部花饰已带有一

石舫

石舫对于暗香疏影楼的障景作用

些西洋风味。舫内楼梯设于尾舱与中舱之间，下层入口处设有舱门。舫首正面开敞，前舱、中舱两侧筑矮墙，其上为连续长窗，尾舱以粉墙与前舱、中舱作虚实对比。屋顶前、后两部分采用歇山顶，中部用两披式。

这个石舫的造型，酷似现实中的画舫。它的体量比较大，在苏州各园林石舫中属于“船老大”。在建筑材料上，石舫其实非“石”，而是仿“石”：贝家特意将建造上海汇丰银行后多余的高级水泥运来，配上考究的磨光石子，采用先进的工艺，制成一艘漂亮美观的“仿古石舫”。

彩色玻璃花窗

石舫对联

在此处设石舫，有丰富景观层次、设置障景的功能，还有增添园池深邃感的妙用。游人站在扇亭，向北眺望，石舫可以部

石舫南望

分挡住暗香疏影楼，起到过渡作用。如果拆去石舫，就会使体量较大的该楼突兀在水边一览无遗，效果欠缺。另外，从实用功能上把握，此石舫并不是退隐的象征，而是一处实用的宴饮之所。当年贝家有厨师擅长烹饪船菜，主宾在特定的石舫载体上享受船菜，正是富商追求高雅就餐环境和氛围的一种生活方式。石舫之所以造得比较大，就是为了满足宴饮空间的需求。而它的另一个“隐性”功能，却被人们所疏忽。我们可以从飞瀑亭中屏刻《飞瀑亭记》中找到答案。园主曾有一段时期久客海上，为了不忘大海的涛声。便在园内暗设机关，建造了巧妙的人工瀑布。其旁建亭名“飞瀑亭”，题额为“听涛”。而石舫在充当“食船”作用的同时，显然还可以“近瀑楼台先得涛”，兼具“海轮”的功能。如此一举两得，岂不妙哉？

石舫前舱入口处有沈进顼书楹联一对，曰：

柳絮池塘春暖；

藕花风露宵凉。

上联咏石舫游观之景：池岸柳絮纷飞，塘畔嫩草青青，春意暖融融。满目春色，一派生机，好一幅烟花春雨江南的春景图；下联突出夏日赏荷之趣：一池荷花发清香，满天风露沁心脾，天色已暮稍稍凉。夏日月夜，乘上小舟在池中赏荷，该是何等舒心惬意。颇有晏殊“梨花院落溶溶月，柳絮池塘淡淡风”的高雅闲淡的诗意。

在石舫二层平台上南望，可观正对面南墙游廊，其中有九曲桥和石拱桥交错，将五十多米纵深的湖面景观划分成不同层次，临池又有假山重叠起伏，或舒朗或致密，意境巧妙，景色迷人。

暗香疏影楼

由石舫上岸，沿着走廊向西走，可一路观赏廊壁的听雨楼藏帖。到走廊尽头，有一楼梯通向二楼；亦可出走廊从南边的假山洞口进入，拾级而上达二楼。

此楼名暗香疏影楼，依湖而建，撷梅花风韵、神姿及香气名楼。一层为通道。二层南面可欣赏到园景大部，与问梅阁、五叠瀑布、飞瀑亭及四百年的古银杏树组成园西部景

听雨楼藏帖

区，古朴而幽静。“暗香疏影”四个字出自林逋《山园小梅》诗句“疏影横斜水清浅，暗香浮动月黄昏”。后世誉之为咏梅绝唱。梅花稀疏的枝影横斜地倒映在清浅的水面上，清幽的香气在朦胧的月色里轻轻地浮漾。一个“暗”字表现了梅花那种醉人心目的风韵美；一个“疏”字，则写尽了梅花独特的外表美。站在二楼窗边，推窗即见梅花，可调动游赏者的嗅觉和视觉，去品赏梅花，获得身心享受。由此南望，可见不远处红梅绿树，树丛中飞翘的屋檐便是问梅阁，也可以看到园内大部分美色。

暗香疏影楼现辟为茶室。大多数苏州园林并不生产茶叶，园主须购买各地茶叶。元代名僧惟则是狮子林开山祖师，他在《狮子林即景》中写道：“经罢辘轳声忽动，汲泉自试雨前茶。”倪瓒在作《狮林图》后，题诗《过狮子林兰若》：“密竹鸟啼邃，清池云影闲。茗雪炉烟袅，松雨石苔斑。心静境恒寂，何必居在山。穷途有行旅，日暮不知还。”元代狮子林西南角有冰壶井，明代高启特写有《冰壶井》一诗，道：“时汲煮春芽，为待参玄客。”沈清瑞也有诗咏：“井

建于假山之上的暗香疏影楼

底水花冷，取煮碧萝春。”反映的是寺庙园林中禅僧的生活与心态，也记下了茶叶品种。清乾隆帝《游狮子林》中提到：“缅五百年前，良朋此萃止。浇花供佛钵，沦茗谈元髓。”

在园林中品茶，品茗者醉心于茶之香醇甘洌，观景者意寻觅景之天工造化。山、水、茶，常常是相依相连，三合齐美；品茶与品园在艺术鉴赏和精神追求这两个层面上有着共同点。品茶与品园，都需要有闲适的心情，越是闲适高远、才情横溢的人，于品茶和品园中得到的情趣也越多。

湖心亭

下暗香疏影楼，沿池岸南行。临池有湖石驳岸，高低起伏，犬牙差互，如天然堆砌而成。西边有假山沿墙，地势颇高，为一土丘之上再砌湖石而成。山路蜿蜒曲折，空间虽小，山石高低层次错落有致，走来也妙趣横生，再加树草丛生，有登天然山坡之感。

走上小桥，可听到潺潺水声，原来西边有瀑布自山涧飞落，清爽怡人。过小桥，是一座通往六角湖心亭的九曲桥。九曲桥是狮子林中最大的桥，外观呈“之”字形，基本上为

“观瀑”匾额

东西走向。桥东端四曲，西端四曲，正中相连的观瀑亭本身也是一曲，合起来是“九曲”。

进湖心亭，则可见飞瀑全貌。瀑布共五叠，由远及近、由上自下跌落飞溅，故湖心亭中悬匾“观瀑”，亦名“观瀑亭”。

湖心亭伫立水池中央，是观赏园内湖山景色的最佳处，宛若水中一条彩带上的明珠。当游人沿池绕行时，它始终是视线的焦点。亭平面为六角形，攒尖顶。站在亭中向东看，是主体假山之景，还能依稀望见远处山石翠林中卧云室的飞檐一角。从亭中西眺，假山林立，树木森森，西部笔陡的山坡悬崖处，白茫茫的瀑布经湖石三迭直泻而下，奔腾不息，甚有气势。在此观赏，能体味到李白“遥看瀑布挂前川”的微缩版景观。

观瀑，颇为古人所喜爱。他们赋予瀑布以各种美丽的形象。元杨维桢《庐山瀑布谣》：“我疑天仙织素练，素练脱轴垂青天”，比之为天仙织成的白色丝绸；明汤显祖《石门泉》比之为“悬飞白鹤”，形象高洁优美；清高风翰《石梁飞瀑》则云“悬溜曾看走玉虹，香炉峰下驾天风”，比之为一条白虹，从天上悬挂下来，像驾着天风从香炉峰上倾泻下来，景象奇妙壮丽又磅礴雄伟，题额确可诱人遐想。

湖心亭有联一副，曰：

晓风柳岸春先到；

夏日荷花午不知。

二月柳枝最早发芽，春风拂动着柳树嫩绿丝绦，说明春天已经先来到了岸边；夏天荷花塘香气四溢，即使烈日当头、酷暑难耐，也不知晓这番滋味了。

九曲桥与湖心亭

湖心亭东部景区

石拱桥

站在湖心亭南望，可以看见正对面的青石拱桥。这座桥名飞虹桥，又名小飞虹，是狮子林中最古老，也是最著名的一座青石拱桥。那弧线优美的桥拱，恰似一条飞虹，凌空横卧于碧波。传乾隆帝每次来狮子林，都要逗留于飞虹桥，故又名接驾桥。

连接亭子与湖岸的九曲桥与南面的拱桥一平一拱、一曲一直、一轻一重，形成了鲜明的对比。两座桥与亭的位置，又恰好划分了水面，营造了湖面布景的层次感，使游人产生曲折幽深的感觉。

站在亭内可环视四周景色，不出城郭而得山林之趣。

花园·池西部

飞瀑亭、问梅阁以及双香仙馆是花园池西的主要景点。园西假山深处，山石作悬崖状，一股清泉经湖石三叠，奔泻而下，如琴鸣山谷、清脆悦耳，形成了苏州古典园林独特的人造瀑布。建飞瀑亭与之呼应，闻其声却不见其景。问梅阁是一座以梅花为主题的建筑，阁前植红梅白梅三五株，暗香浮动。双香仙馆取问梅阁梅花的梅香与山下池中荷花的荷香，构成“双香”。西部景区山石崎岖多变，亭台楼阁均依山势而建，花木扶疏，与建筑融为一体，颇有盎然野趣，真可谓“城市山林”。

飞瀑亭

出暗香疏影楼南行数步，可见飞瀑亭，亦可从西部北端山洞内上山到达。亭子建在一座石包土假山上，这里是全园最高处。

飞瀑亭为卷棚歇山顶半亭形式，南与爬山廊相接，廊尽头有瀑布自山顶飞流直下，亭中有石桌与四只石鼓墩，坐此可听水流飞溅，如闻涛声，但因山石树木阻挡，并不能看到

飞瀑亭

"听涛"匾额

瀑布，故亭内悬额"听涛"，与湖心亭"观瀑"互相呼应。

亭侧假山高处，树木森然，水源出自山涧之中，沿湖石三迭直泻而下，落入池中，波影茫茫，水声淘淘，其形其声，动人心弦，成为苏州园林中唯一的人造瀑布，艺术地再现了自然界五叠泉的壮观景象。湖心亭观瀑，与飞瀑亭听涛，一高一低，相互应答，更增添了园中情趣。

厅内西置屏门，刻有汪远翥的《飞瀑亭记》。下面的裙板上有木刻浮雕四幅，分别为杏林春燕、荷净纳凉、东篱佳色、山家清供，玲珑精致，象征四季之景。《飞瀑亭记》全文如下：

苏垣之胜，有狮子林焉。自元代迄今六百余载，花木荒芜，亭阁倾圮，惟参天古柏，玲珑山石，岿然独存。今自贝君润生以巨资购归，费一腔之心血，竭十载之经营，始复旧观。

西面新筑一亭，颜曰飞瀑。旁有瀑布，其声昼夜不息。游斯亭者，如登海舶而听怒涛。今主人又提一榜，曰如闻涛声。噫！其殆有深意存乎其间欤？盖主人久客海上，与海外人士衔酒杯，接殷勤，不卑不亢，情意款洽。主人偶临斯亭，闻声不忘航海景象，亦安不忘危之意尔。

或曰，主人将抚此名胜而娱晚景，则浅乎言之矣。虽然，园中之一花一木，一亭一阁，无不位置得宜，是真所谓胸有丘壑者。即观园东之宗祠义庄，先期落成，又可想见主人之用意所在焉。

据亭中屏刻《飞瀑亭记》载，因园主人久客海上，特建此亭，听到昼夜不停歇的瀑布声音，如闻涛声，寓闻声不忘航海景象和居安思危之意。

为了获得“枞金戛玉，水乐琅然”的艺术享受，我国古典园林中十分注重因地借声来丰富园景——不借丝竹管弦之声，而从水中引出音乐，用清幽的自然声响包容静悟的人生哲理，从而创造最清高的山水之音。这里不同的是园主制造人工瀑布。在创造的园林山水音乐中寓之以德，通过听涛获得一种精神上的愉悦和满足。这正是中国古典园林造园设景的传统主题。

瀑布

问梅阁

出飞瀑亭南行，即可见问梅阁。问梅阁是西部园景的中心景观。阁建在土石山上，背靠园墙，面对池水，地势较高，南北均与长廊相连，外形采用重檐歇山顶形式。

元代狮子林西面曾有老梅一棵，虬枝奇曲，名为“卧龙”，梅树后的客房就称“问梅阁”。“问梅”二字的含义，一般人认为源于王维的《杂诗》：“君自故乡来，应知故乡事。来日倚窗前，寒梅著花未。”然而狮子林的问梅阁，自有其禅宗含义，用的是禅宗公案，说的是马祖问梅的故事。惟则有诗曰：“林下禅关尽日开，放人来看‘卧龙’梅。山童莫厌门庭闹，不是爱闲人不来。”《五灯会元》卷三载，马祖道一禅师的弟子法常，初参马祖道一时，听到马祖说“即心即佛”，当即大悟，于是便到大梅山去做主持，后称大梅法常禅师。马祖听说大梅法常住山后，想了解他领悟的程度，便派一名弟子去问大梅法常，曰：“你住此山，究竟于马祖大师处领悟到什么?”法常说：“马祖大师教我即心即佛。”那弟子说：“马祖大师近日来佛法有变，又说‘非心非佛’。”法常说：“这老汉经常迷惑人，不知要到何日。他说他的‘非心非佛’，我只管‘即心即佛’。”法常从明心见性、我即是佛的禅悟中，由自心自性这一核心出发，已经获得了自我的精神觉醒，领悟到人生的宇宙的永恒真理，已经把握住了自己的生命本性，自足、宁静，能打破偶像与观念的束缚，不受

林木掩映中的问梅阁

外在世界人事、物境的牵累。所以当那弟子回寺院告诉马祖道一时，马祖道一禅师赞许地对众弟子说：“大众，梅子熟了!”即谓大梅法常对“非心非佛”和“即心即佛”不二之理已经了悟。

阁内桌椅、器具、藻井、地面花纹皆雕刻成梅花形，窗格采用冰梅纹，屏上书画也都取材于梅花，紧扣阁名。阁前梅树数株，叠石层层，下临假山池水，远眺园东景色，是逗留观赏的极好位置。阁旁还有水井一口，名曰“冰壶”，因凿井时挖得古壶搏于此而得名。此处乃西部最高处，可以东眺山地，池中有湖心亭九曲桥，全园山色历历在目。

问梅阁前的红梅与白梅

阁中匾额“绮窗春汛”，意为镂花的窗户外春梅初放，传来了春的讯息。取王维《杂诗》“来日绮窗前，寒梅著花未”句诗意。梅花为“岁寒三友”之一，生性耐寒，冬末即开花。“一树独先天下春”，梅花向来被人们看作春天的信使，表现出一种内在的精神美。梅花正是以自己的清香，给人

梅花形的花窗、屋顶、桌椅、地砖

间带来美好的春天的气息。看着阁前的数株梅花，阁内雕刻成梅花形的窗纹、器具、地面以及取材于梅花的屏上书画，游人仿佛置身于梅花丛中，似乎也感受到了繁花似锦的春天气息。

屏门两边的对联为费树蔚撰，苏寿成书。曰：

高隐成图，息壤偕盟马文璧；

名园涉趣，清诗重和蒋心余。

费氏号韦斋，吴江同里人，曾官河南州牧，袁世凯时任肃政使，后归隐桃花坞，善诗词，有《西斋诗稿》。

联语有跋，云："润生先生属题狮子林，两语均用君家故事。”联语上句可能是以倪云林等元代画家绘画构园往事，来借指园主贝润生延请名画家参与修园本事。马文壁，为元末明初画家马琬，此应借指贝氏所请之画家。息壤，本指神话传说中一种能自生自长、永不减耗的土壤，此借指修园所用土石。民国七年（1918）秋，园归贝润生，贝氏花了九年时间，耗资七八十万银元进行改建，峰石依旧，掺揉了西洋手法重新建筑亭榭厅堂，向池西扩大园址，掘池积土而堆成西部土山，并以东部为宗祠。联语下句言园主身居名园的赏心乐事：和东晋陶渊明一样，他谢绝官场交往，心情恬静安适，每天在庭园里漫步，悠然自得，闲时以恬淡冲和的诗歌和蒋心余唱和。蒋心余，即清文学戏曲家蒋士铨，他的诗

问梅阁屏门上的书画

也写的很好，同袁枚、赵翼并称“乾隆三大家”。联语皆为本事本色，对偶工稳。

八扇屏门上均是描绘梅花的国画和关于问梅阁的古诗，由北向南依次是谢孝思画红梅、钱太初书元人涂贞的《问梅阁》、张继馨画白梅、瓦翁书清人曹凯《师林八景·问梅阁》、王西野画墨梅、吴进贤书清人吴翌凤《狮子林十二咏·问梅阁》。

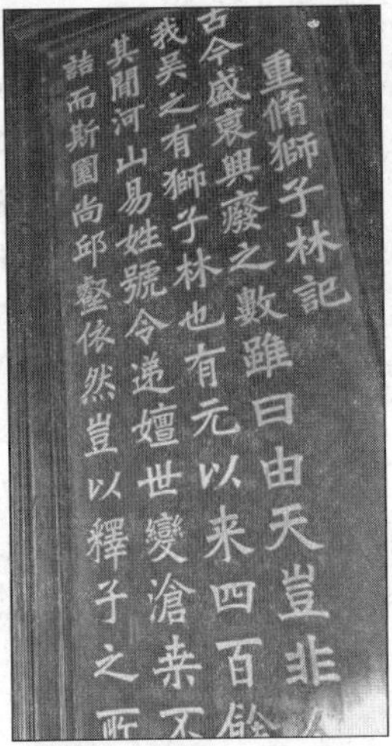

《重修狮子林记》

屏门背面是包锡咸的《重修狮子林记》，内容与燕誉堂中贝润生自记相似。《重修狮子林记》全文如下：

古今盛衰兴废之数，虽曰由天，岂非人事哉？我吴之有狮子林也，有元以来四百余年矣。其间河山易姓，号令递嬗，世变沧桑，不可究诘，而斯园尚丘壑依然，岂以释子之所手创，高人之所经营，益以翠华临幸，宸藻晖煌，若有神物为之呵护者邪？余窃疑之。夫数十百季以后之人，必不能述数十百年以前之事。其可述者，志乘详之矣，故不具论。论其近者，园东北隅有厅事数楹，盖斯园之隙宇，而余园黄氏非有矣。岁壬子，归玉峰李氏，越戊午，归同邑贝氏。今乃重整园林，建校于西偏，建祠于东偏，盖将为大规模之建筑，不惟存名胜，复旧观已焉，余闻而识之。岁月荏苒，众工络绎，历祀六七乃观厥成。夫物由胜而衰易，事由废而兴难。古来宫室苑囿不可胜数，方其始也，绿野平泉擅一时之胜，及其继也，兰亭泽兴后世之嗟侥，所谓天道无常，盈虚有定，非人力所能挽回者耶？虽然，昔大云庵为沧浪亭，浮图义暎能复子美之构，震川称之。今狮林荒残灭没几什百于沧浪，而主凡三易，宏工告成于濒危垂绝之境，为更新作始之计，规模宏远非其人孰能任之？故吾谓衰兴废由乎人儿不由乎天也。抑闻之斯园结构，即小而一亭一榭悉主人意匠经营，躬自规画，少不当意，虽毁之重劳不惜，其不苟也如是。夫不苟于一事者必不苟于凡是，即小观大，并以告世之游览者。

乙丑暮春之月，吴县忏庵包锡咸识，越三载丁卯荷夏中浣并书。

双香仙馆

出问梅阁，沿着走廊南行数十步即可见一廊亭，挂有双香仙馆匾额。双香仙馆为长方形单檐亭，屋顶与廊共用，三面围木制栏杆，亭内设汉白玉石台。

所谓“双香”，是指亭外近处有梅花，山下有荷花池。冬天，梅花暗香浮动；夏天，荷花香远益清。在这里能享受到这两种清香，好似仙人居住之所。荷花与梅花的清香都是纯洁的，带给观赏者以高尚的享受并使心灵得到净化。

匾额以梅莲之香名之，乃以虚景名馆。“梅花优以香”，即使“零落成泥碾作尘”，也仍“香如故”，“香“象征着一种崇高永生的精神：莲花出淤泥而不染，香远益清，资质高洁，清香象征着纯洁；梅花迎雪绽放，清冷孤傲，坚贞不屈，又象征着快乐、幸运、长寿、顺利、太平。梅莲双香给人以心灵的熏染和净化，使人获得崇高纯洁的美的享受。

双香仙馆在西部走廊的尽头，人们曾经以为这条走廊是“实心”的，但最近一次改建厕所时，把墙挖开一看，发现下面竟然有一个空洞。此洞有一人多高，进深约四米，尽头是假山，顶上是凌空搁着的水泥板。据记载，早在清咸丰年间，狮子林年久失修，叠石亭台坍塌，后来由贝润生购下，他于1918年到1920年期间对园子进行重修。园中的回

双香仙馆

双香仙馆长廊

三百九十年古银杏树

廊就是那时建的。凌空架起的水泥板肯定也是源于此次重修，令人吃惊的是，近一个世纪来，有成千上万的人从这个回廊经过，但水泥板都没有变形和松动，说明当时的技术水平非常高。

馆前山石间有三百九十年银杏一株，粗干老木，盘根错节于石隙间，夏日浓荫蔽日，秋叶灿若织锦。

花园·池南部

池南诸景点大多依水而设，且结构精小。扇亭、文天祥碑亭、乾隆御碑亭由一临水长廊贯穿，打破了南墙的平直、高峻感。南廊尽头有复廊，西复廊通向跨涧而造的修竹阁，阁外翠竹跃波，阁体通道模仿天然石壁溶洞形状，与假山连成一体，手法别具匠心。东复廊通往立雪堂庭院，中有拟态山石供玩赏，妙趣横生。

扇亭

由双香仙馆南行，沿着走廊折向东面，有一个长长的下坡。下坡廊设北墙，墙间有漏窗，墙外翠竹青青，摇曳生姿。行走数步，又南折，眼前是一个小小的天井。天井里有湖石，栽植一棵黄杨树。向东拐进扇亭，眼前顿时一片开阔，大半个狮子林园景尽收眼底。

黄杨树

亭筑于环廊转折处，建筑形状如打开的折扇，因此得名。亭东和亭北有长廊，亭后有小院，形成对景。亭位置较高，亭后墙有空窗，两侧墙上有门洞和漏窗。亭内的窗洞、地面、吴王靠、石桌都为扇形。此亭的精妙之处不仅在于其建筑形态，更在于其布局的巧妙。亭子连接互相垂直的两条走廊，起到了很好的过渡效果。亭子还设置了一个小小的后院，增加了空间进深度和画面感。不论从南北向走廊，还是从东西向走廊走进扇亭，首先看到的便是这一幅雅致的园林景观小品，幽静古朴，且生机盎然。另一颇有心思之处在于，扇亭的北部是狭长幽暗的走廊，一路走来，难免使人略感单调和沉闷，然而转角尽头一拐，视野顿时宽敞舒朗，园景中部的湖光山色扑面而来，令人目不暇接，神清气爽，有“柳暗花明又一村”之感。

亭内有竹刻抱柱联，曰：

相逢柳色还青眼；

坐听松声起碧涛。

这是一副写景联。上联寓有玄学色彩。嫩绿的柳色，秀

扇亭

润可爱，这是自然界的美丽色彩，人和柳色相逢，不由万分喜爱，如逢故交挚友。对联为柳色赋予了人的感情，实际上表现了人对自然的亲近，就像玄学家把柳看作是实现自由、超脱的生活理想的一个重要方面。下联咏聆听自然音响获得美感。在欣赏大自然时，植物发出的天籁，令人神清气爽。聆听松涛的清响，尤为快人。

扇亭竹刻抱柱联

“风音而送声”是松树的一个显著特征，“有风传雅韵”，“梢耸振寒声”，这是自然音乐。扇亭处于曲尺形的两廊之间，东北为水池，湖中有小岛，可见柳色送碧；亭东南壁的扇面形漏窗有松鹤图案，松声碧涛仅从想象中获得。联语所咏之景虚实相间，只有忘情地投身于大自然，方能领略其中之奥妙。“青眼”，指黑色的眼珠，与白眼相对。正视别人是青眼，侧视则见白处。青眼看人是表示对人的喜爱、尊重，白眼则是讨厌、蔑视。晋阮籍不拘礼教，见凡俗之人，对之白眼，遇知音者则正视，眼珠在中间，即对以青眼，表示对人友善或喜爱，由此有了“青眼”或“青睐”这样的词汇。

此扇亭由清末民初时期苏州的知名画家刘临川构建规

划。民国初年贝润生购得狮子林以后，因为亲戚关系，故延请刘临川主持修园，重绘狮林图。中国古建筑对拐弯阴角的处理大多是开设门户。刘却别出心裁，设亭切角成圆，靠墙植芭蕉、竹石。三伏天黄昏后戌时（晚上七时后），东风绝，西风起，因为长廊和园墙回风的缘故，扇亭中风声大作，其亭名与亭景丝丝入扣。

站在扇亭向外望去，眼前有土石假山，山路邻水蜿蜒曲折；北面是大片湖水，石拱桥与九曲桥遥遥相对，湖心岛上，紫藤开满天棚，灿若霞帔；东望是黄石假山“小赤壁”，池水在假山洞中缓缓穿行，好似一幅生机盎然的立体画卷。

石拱桥、湖心岛

湖西驳岸的古银杏树下有座青石拱桥，通向湖心岛。元末建造狮子林时，这里就有一座石板桥，在徐贲《狮子林图册》中有桥名“小飞虹”。在清乾隆三十六年（1771）《南巡盛典》画册中，此处已是现在拱桥的模样。

走过青石拱桥，来到了湖心岛。岛的西岸与南岸设置紫藤棚架。暮春时节，正是紫藤吐艳之时，但见一串串沉甸甸的花穗垂挂枝头，紫中带蓝，灿若云霞。

盛夏时节，浓荫蔽日，紫藤花如瀑布般悬挂于绿叶藤蔓之间，繁花满树，老桩横斜，别有韵致。

紫藤架旁，有一座近代修建的水泥六角亭。藤架东北处是一块开阔的冰纹铺地，四周绿草茵茵。那里原是存放乾

紫藤架

石拱桥

拟态山石石猫、乌龟

隆诗碑的御碑厅，后贝式园主将其移至南廊。

岛的东部与北部是堆叠的太湖石假山。穿过东边曲折蜿蜒的山道，可以通向卧云室。小岛北岸临水有很多拟态山石，有的在岛上，有的落在池中，其中一块如石猫弓背北望，一块似海龟翘首，背上还驮着一石峰，还有一块像张开大嘴的巨型狮头……这些石头要从不同角度观赏，并发挥想象，才能发现其逼真之处和趣味所在。

湖心岛面积0.7亩，连接岛与陆地的通道有四处。西边可由青石拱桥上岸，南面是小赤壁，东南方穿越重叠假山是修竹阁，东北有一座太湖石桥。这些通道与小岛一起把水面划分成四个部分：北部开阔的湖面，南部狭长的河道，东南嶙峋的山池和西部潺潺的山涧。

文天祥碑亭

出扇亭，沿着高低起伏的南墙游廊东行，行至走廊最高点，有一半亭，名文天祥碑亭，亦可称正气亭。此亭壁上有一块文天祥草书诗碑，高一点五米，宽零点七米，以朱漆木框装裱。只见两行草书大字洋洋洒洒，跌宕生姿，笔断意连，如飞如舞。由此几乎可以想象当时文天祥运笔疾速、一气呵成的场面。这块碑刻是文天祥狂草手迹《梅花》：

静虚群动息，身雅一心清；

春色凭谁记？梅花插座瓶。

这首诗是文天祥身陷囹圄时所写。这首五言绝句，从头到尾突出了一个“静”字，它不但以万物的寂静烘托着环境的安宁，而且以梅花清雅类比了心情的平静。这摇曳的花，这婆娑的叶，是如此静谧；这平静的水，这安稳的山，是如此沉静。心不为外界所扰，春色由谁来记录呢？文天祥已在自己的传世诗作里给出了最好的答案：“留取丹心照汗青。”他寄梅咏怀，体现了洁身自守的节操。文天祥书作清疏挺竦，俊秀开张，笔笔有法，十分精妙，使人心目爽然，凡见者，“怀其忠义而更爱之”（清吴其贞《书画记》）。

亭额“正气凛然”。是对文天祥民族气节的高度颂扬。

文天祥（1236—1283），号文山，吉州庐陵（今江西吉安市）人，南宋末大臣，文学家，民族英雄。宝祐四年（1256）中状元，官至右丞相兼枢密使。德佑元年（1275）十月，他以

“正气凛然”匾额

浙江制置使兼任平江知府，在苏州指挥抗元。第二年被派往元军的军营中谈判，被扣留。后脱险经高邮嵇庄到泰县塘湾，由南通南归，坚持抗元。祥光元年（1278）兵败，被张弘范俘虏，在狱中坚持斗争三年多，后在柴市从容就义。著有《文山诗集》《指南录》《指南后录》《吟啸集》《文山先生全集》《过零丁洋》《正气歌》等。

文天祥年轻时曾路过苏州，游览桃花坞，在庆云亭题壁诗云：“一片黄云万顷田，江南父老庆丰年。”文天祥在这次出游中，认识了当时还在军府为吏的张世杰，两人一见如故，互相激励。之后因元兵南侵，文天祥以平江知府的身份和张世杰共同率军守苏州城。文天祥任苏州知府只有短短四十几天，之后便奉命移守杭州。文天祥离开三天后，苏州便失陷了。

文天祥碑亭

苏州人为了纪念文天祥，为他建忠烈祠以供世人及后代敬仰，俗称文山祠或文丞相祠。嘉靖二十年（1541）迁祠于旧学前，原祠处遂改为文山寺，地址就在今桃花坞大街和阊门下塘之间的一条与之平行的文山寺前街上，当时附近还有潮音庵和云林庵。《苏州地方志》载：“文山寺，在阊门下塘文丞相弄。”这里的文丞相弄指的就是今天的文山寺前。清同治十一年（1872）寺庙重修。民国初年，潮音庵破败，“文山寺已日就衰落，云林庵亦僧徒星散”，于是就在民国十四年（1925），以潮音庵为基础，将文山寺、云林庵与其合并为一寺，“以文山寺为前代名刹，未可湮没，爰为集议曰：文山潮音禅寺”，后又简称文山寺。寺庙由和尚住持，原云林庵的尼姑则移居附近小园上（巷名）的法音庵。

文山寺屡经兴废，经八百年之沧桑，端坐在苏州的西北角上，秉持着历史赋予的重量。它是苏州市唯一的一座尼众丛林。虽无法像寒山寺、西园寺、灵岩寺那般引人注目，但也香火不息。民间多说文丞相与佛有缘，最后悟大光明法蝉蜕。民间是不愿意这样的英雄人物死去的。而文山寺也必定以其承载的精神与教义，伴着暮鼓晨钟，低吟往昔，浅唱佛法，普渡一代又一代世人。

御碑亭

离开文天祥碑亭，继续东行，即到乾隆御碑亭。亭内有“凝晖”匾额，南壁嵌有石碑一块，石碑所刻的是乾隆首次游览狮子林时所作五言诗《游狮子林》一首。

早知狮子林，传自倪高士。
疑其藏幽谷，而宛居闹市。
肯构惜无人，久属他氏矣。
手迹藏石渠，不亡赖有此。
讵可失目前，大吏称未饰。
未饰乃本然，益当寻屐齿。
假山似真山，仙凡异尺咫。
松挂千岁藤，池贮五湖水。
小亭真一笠，矮屋肩可掎。
缅五百年前，良朋此萃止。
浇花供佛钵，沦茗谈元髓。
未拟泉石寿，泉石况半毁。
西望寒泉山，赵氏遗旧址。
亭台乃一新，高下焕朱紫。
何幸何不幸，谁为剖其旨。
似觉凡夫云，惭愧云林子。

在乾隆写下这首诗后，园主黄氏刻碑立石以示皇帝临幸荣耀，留念后人，为园中古迹之一。据乾隆《南巡盛典图》所示，当时的御碑亭位置在现湖心岛上，面阔三间，乾隆写诗是在御诗楼，地点相当于现在的指柏轩。清末，亭子塌毁，御碑也因常年风化无人照管而断裂，贝氏重修狮子林时，建今南墙走廊，设此亭重新安置御碑。“文革”中，碑曾被毁，现碑文乃是“文革”之后按原有断碑拓片重刻，而碑座、碑顶为旧物。

乾隆御碑亭

乾隆皇帝弘历（1711—1799）是中国历史上统治时间最长的君王，也是世界上产量最多的诗人。他一生作诗41863首，而《全唐诗》作者2200多位，一共才传下48000余首诗。他寿命89岁，折合成天是32000多天，除去童年，能用来写诗的不到30000天，平均每天写诗超过一首。虽然他的诗作不为文学家看中，其书法也过于圆润常受到书法家的批评。但此御碑与御诗确实是当年乾隆游览狮子林的实物见证，记录了他的游览情况，是园史的宝贵资料。

复廊

出御碑亭，沿着临水南廊曲折前行，尽头与复廊相接。复廊两边均有墙，西墙上有五个不大的六角形空窗。东墙上则开有五个圆形窗洞。

所谓复廊，是在双面空廊的中间隔一道墙，形成两侧单面空廊的形式，又称“里外廊”。因为廊内分成两条走道，所以廊的跨度大些。中间墙上多开有各种式样的漏窗，从廊的一边透过漏窗可以看到廊的另一边景。这种形式在园林中的应用，既可分隔景区，又可通过漏窗使一景区和另一景区互相联系，增加景深，增强通透感，扩充景物层次感，还能产生步移景异的效果。

复廊一般安排在廊的两边都有景物可赏，而两边景物的特征又各不相同的园林空间中，用来划分和联系景区。此外，通过墙的划分和廊的曲折变化，来延长景观线的长度，

六角形空窗

复廊外观

增加游廊观赏中的兴趣，达到小中见大的目的。

苏州园林中沧浪亭建有复廊，两侧无墙，中间的隔墙上开有漏窗，因此视野较为开敞，廊两边的空间隔而不断。而狮子林这处复廊两边均有墙，只留不大的窗口供观赏景色。隔墙的窗上有彩色琉璃花纹，因此廊两边的景色被完全隔断，廊内较昏暗，光线从窗口漏进来，吸引着游客每走过一个窗口都往外看。经过这逼仄幽深的复廊后进入另一景区时，有豁然开朗之感，这是很有特色的。

走进西复廊，在第一个窗口看到的是南壁临水游廊，临水游廊曲折有致，尤其是向水面凸出的部分，显得十分细狭紧促，而向内凹折的部分则是这个角度的视觉盲点，微微向前挪动脚步，走廊又是另一种形态和观感了。第二个窗户可见游廊的纵深感大大加强，视野也更为开阔，游廊墙上的听雨楼藏帖看得一清二楚，视觉更侧重左侧斑驳石岸和黄石小赤壁，水面变得宽阔。第三个窗口更近水，然墙外一株碧叶

复廊内部

挡住了三分之一的视野，若此时夕阳西下，余晖便从远处的廊檐溢出，给眼前的景致蒙上一层暖意和柔润，也算是为略显单调的画面增添一份惊喜。走到第四个窗口，眼目青翠盎然的枝叶，这正是修竹阁外的大片绿竹。竹浪翻滚，还能隐约看见水阁黛色飞檐临于一片苍翠之上。复廊与框景的完美结合，正体现出苏州园林移步换景的营造之巧妙构思。方寸之内，尽揽廊外景色于一目之间，不亦悦乎！

修竹阁

由临水南廊东端北望，在藤蔓丛生、绿意簇拥之上有一轻盈水阁，名修竹阁。修竹阁飞跨池水之上，一面依叠山石三面环水庭列修竹，西连湖心岛，东通复廊，因此阁内南北墙上分别有砖额“通波”与“飞阁”。 两词借用陆机《吴趋行》咏苏州城西阊门城楼之高耸及跨水之雄姿：“阊门何峨峨，飞阁跨通波。”汉班固在《西都赋》也有“修除飞阁”“与海通波”等句。唐王勃《滕王阁序》：“飞阁流丹，下临无地。”这些词章皆取意于高阁和通流水。砖额略带夸张地突出了此阁的位置，从而突出了设计者的匠心独运。

修竹阁南北不设墙，在阁内北望，可见小溪蜿蜒于山间，曲折幽深；南望则见曲折、错落的石岸围住湖水一泓，似山中小湖，颇含野趣。

此阁模仿天然石壁溶洞形状，把假山连成一体，手法别具匠心。旧时狮子林以竹子为主，“室不满二十楹，而挺然

修竹阁揽景

修竹则几数万个”，造成“密竹鸟啼邃清池，云影闲名雪炉烟”“万竿绿玉绕禅房”之景。修竹阁内方砖铺地，南北两侧有挂落、坐槛，设吴王靠。

修竹阁有匾额。修竹乃营造佛禅氛围的植物，唐崔峒《题崇福寺禅院》：“清磬度山翠，闲云来竹房。”柳宗元也有“道人庭宇静，苔色连深竹”之句（《晨诣超师院读禅经》）。旧时因阁周围竹林较多而名，今仍有翠竹摇曳，苍翠欲滴，旧时风貌依稀可见，以竹名馆寓雅洁不俗之志。

阁内有王西野所书对联一副，曰：

独倚修竹相期谁来；

闲看浮云所思不远。

“独倚修竹”，引起思念，似乎与唐时“竹报平安”的典

修竹阁

修竹阁南面小景

故有关。《酉阳杂俎续集·支植下》："北部惟童子寺有竹一窠，才长数尺，相传其寺纲维每日报竹平安。"纲维，主管僧寺事务的和尚。后以"竹报平安"指平安家信，也简称"竹报"。后来发明了纸卷的爆竹，从除夕到元旦家家户户燃放，意在驱邪魔，迎平安。故有"爆竹声中一岁除"或"爆竹一声除旧，桃符万象更新"等诗句。民间吉祥图案则有画竹或儿童放爆竹，寓意报平安。宋姜夔《暗香》："客里相逢，篱角黄昏，无言自倚竹。""闲看浮云"又颇有点悠闲感、自由感。"所思不远"，思什么？颇费猜想，颇耐咀嚼。

王西野，江阴人，苏州美专早期毕业生，光华大学文学士。兼擅书诗画，善撰对联。著有《霜桐野屋诗存》《霜桐野屋书画》。

立雪堂

走出东复廊，拐入敞开式走廊，走廊有起伏，到最高处有块太湖石阶，可下至庭院。这是一个幽雅精致的小庭院。小院三面有廊，庭院之中散列佳峰珍石。庭院西边有一块湖石恰似牛头，匍匐在地，顺着牛头的方向望去，地上伏着一只石蟹，石蟹怒张双螯，气势汹汹地冲着牛头，栩栩如生。民间传说，牛的蹄子无法剥开蟹壳吃蟹肉，所以只能踩在蟹背上以泄愤，于是这只石蟹的背上有如牛蹄的印痕。

庭院东南角一只狮子翘着尾巴，张着大嘴，双眼圆睁看着眼前这幕，像在等待时机进攻，坐收渔翁之利。这一组造

狮子静观牛吃蟹

狮子滚绣球

蟾蜍

型通常被称为“狮子静观牛吃蟹”，有着“螳螂捕蝉，黄雀在后”的意境。

庭院东南角有湖石似蟾蜍。古代有刘海戏金蟾的传说。历史上刘海确有其人，他生于五代时的辽国，本名刘操，字宗成。家境贫寒、勤奋孝顺的他靠砍柴养活双目失明的母亲。年轻时中辽国进士，五十多岁时当了燕帝守光的宰相。一天，府门外来了位道士，向刘操借了一枚金钱、十只鸡蛋，并将鸡蛋逐个竖立于金钱眼。刘操惊恐地叫喊：这太危险了！道士说：你重权在握，身居高位，处于危险境地，还执迷不悟？刘操恍然而悟，弃官离家，上了华山。此垒卵示危的就是仙人汉钟离。据说，后来他拜吕纯阳为师，取道号“海蟾子”，得道后跻身八仙，但后来因故被张果老替代，成为“编外”八仙，用现在的话来讲也许是竞争上岗遭淘汰的缘故。清初，刘海来苏州，经过贝家，在贝家院中的井里钓起贝家逃走的三足金蟾，引起全城围观……另有一组狮子滚绣球的假山石造型。这些说法亦趣亦俗，与立雪堂高雅的宗义相互补充，也是园林景观文化的一大特色。

庭院西部有一棵百年白皮松，粉墙上攀着木香藤。白皮松是中国特有树种，干皮斑驳美观，针叶短粗亮丽，为优良的庭园树种。每到暮春或初夏时节，木香藤就会开出淡雅别致的花朵，白者宛如香雪，黄者灿若披锦。从墙上垂下一蓬蓬的绿意，月白与鹅黄点缀其间，妙不可言。

百年白皮松

立雪堂为卷棚歇山顶三开间的建筑，背倚燕誉堂东院墙，坐东朝西，前有小院，成为狮子林内的园中之园，平面布局很有特色，为苏州园林所少见。立雪堂旧为狮林寺传法之堂，天如禅师曾于立雪堂说法授教。堂名出自佛教的“慧可见达摩”典故。《景德传灯录》载：达摩祖师过金陵，逢禅宗二祖慧可讲法。众皆欢欣鼓舞，唯达摩不语。慧可一气之下将达摩牙齿打落，达摩仍然一语不发，只是将牙齿取下，放在桌上掉头便走。慧可心想，传闻西天圣僧来东土传法，此人毁誉不动，莫非就是圣僧？于是急忙追至少林寺达摩面壁处，恰逢天降大雪。慧可心想，祖师说过传我法须天降红雪，而自己又曾经对师不敬，理应自责。他恭候不懈至天明，积雪已没及膝盖。他又拿出随身戒刀断己左臂，然后又抄起一捧被鲜血染红的雪，对祖师说：天降红雪了。菩提达摩见其求道诚笃，终于被感动，收他为弟子，授予《楞枷经》四卷。又问他：“你究竟想求什么?”答：“弟子心未安，请大师为我安心。”曰：“请把你的心带来，我就能为你安心。”慧可陷入沉思，良久曰：“我虽尽力寻思，但这心实在是难以捉摸。”达摩见其已开悟，便点醒说：“我已为你安心了!”唐方干有“继后传衣钵，还须立雪中”（《赠江有僧》）诗句，即取其意。

进立雪堂，北、东、西三面开窗，可在窗口以不同角度观赏园中美景。堂内设圆光罩。圆光罩是古建筑内檐装修木雕花罩的一种，罩子从地上一直建到房梁（或枋），在柱梁间满饰木雕或用木棂条组成图案，中间部位留出圆形洞口，俗称“一根藤”地罩，此罩似迷宫图案，苏州园林中有两只，此为其中之一。其上有“立雪”二字匾额。“立雪”除了上文提及的佛教禅意，亦可解自“程门立雪”典故，意在尊敬师长。据《朱子语录》记载，北宋著名学者程颐的弟子游醉、杨时，四十岁那年去洛阳拜见老师，正逢程颐午睡，游、杨

立雪堂　唐朝摄

二人就在门外等候，当时天降大雪，等程颐醒来，积雪已有一尺，因此传为尊师之美谈。后人就以“程门立雪”作为尊师重道的范例。现留“立雪”题名，意为弘扬尊师、求学的精神，激励后人。

圆光罩两侧有对联一副，曰：

苍松翠竹真佳客；

明月清风是故人。

联款署“乙丑春日重书明代唐解元旧联京兆邓云乡”。唐解元即明代的唐寅（1470—1523），字伯虎，又字子畏，晚年号六如居士，苏州人。唐寅二十九岁中应天府（今南京）乡试第一名解元，可在会试时，却因牵涉科场舞弊案而被革黜。唐寅善画山水，与沈周、文徵明、仇英合称“明四家”，

立雪堂内景

兼善书法，能诗文，自称“江南第一才子”。

此联寓意与苍松翠竹为侣，明月清风为友，以表示自己潇洒清高，孤芳自赏，不与流俗为伍，体现了封建士大夫的审美情趣。苍松层叠盘郁，劲道刚毅，翠竹清秀潇洒、虚心有节，人们欣赏这些植物的自然美，进而赋予它社会内涵，把心灵和人格投射、融会到这些自然物中去，凝聚为艺术形象，借以咏志抒情。明月清风代表自然景色，人和大自然不分彼此，融合相得，也就忘却俗情、超脱尘累了。

后墙花格窗中央是一方很大的彩色玻璃，窗外正是燕誉堂的前院，正对“通幽”拱门，湖石花木构成独特窗景。

出立雪堂，就是燕誉堂。狮子林一周游览完毕。

附录

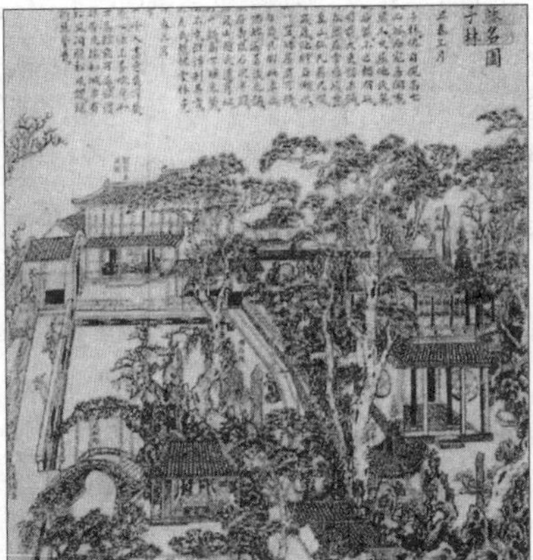

师子林记

元·危素

师子林者，天如禅师之隐处也。师既得法于天目山中明本禅师，退藏于松江九峰者，十有余年。吴门之问学于师者，买地于郡城娄齐二门之间，实故宋名宦之别业，林木翳密，盛夏如秋，虽处繁会，不异林壑，遂筑室奉师居之。

屋虽不多，而佛祠、僧塌、斋堂、宾位，萦回曲深，轨制具备。林中坡陀而高，石峰离立。峰之奇怪而居中最高者状类师子，其布列于两旁者，曰含晖，曰吐月，曰立玉，曰昂霄。其余乱石磊块，或起或伏，亦若狻猊然，故名之曰师子林。且谓天目有岩号师子，是以识其本云。立玉峰之前故有栖凤亭，容石蹬，可坐六七人，遗基在焉。架石梁绝涧，名小飞虹，昔人刻字尚存。修竹万个绕其三面。高昌石岩公为书菩提兰若榜其门。简斋公题其燕居之室曰卧云，传法之堂曰立雪，庭有柏曰腾蛟，梅曰卧龙，皆故所名；今有指柏之轩，问梅之阁，盖取马祖、赵州机缘以示其采学。曰冰壶之井、玉鉴之池，则以水喻其法性云。师子峰后结茅为方丈，扁其楣曰禅窝，下设禅座，上安七佛像，间列八镜，镜像互摄，以显凡圣交参，使观者有所警悟也。

师名惟则，庐陵之永新谭氏世家。初阅雪岩钦禅师禅铭，感其言之勇猛精进，厉志求学。海印如禅师道过永新，问答有契；时师年才二七余，如禅师大奇之。其后，乃师事本禅师最久，付授之外，深造远诣莫可涯涘。本禅师尝嘱师发明《楞严》之旨，因参酌诸家异同，为《会解》行于世。吴楚之名刹多欲屈师主之，而师坚卧不应。四方之为学者奔走其门，皆虚往而实还，师之为教阙。

师子林即景十四首

元·惟则

万竿绿玉绕禅房，头角森森笋稚长；
坐起自携藤七尺，穿林络绎似巡堂。

素壁光摇眼倍明，隔帘风树弄新晴；
树根蛙鼓鸣残雨，恍惚南山水乐声。

相君来扣少林宗，官从盈门隘不通；
散入凤亭竹深处，石林分坐绕飞虹。

乌鹊争巢似愤兵，怒鸣死斗乱纵横；
可怜蹈坏桫椤树，满地落花无路行。

道人肩水灌畦蔬，托钵船归粟有馀；
饱饭禅和无一事，绕池分食馁游鱼。

西邻母鹤唳无休，鹤意吾知为主忧；
养得鹤成骑鹤去，扬州未必胜苏州。

蛙儿深夜诵莲花，月度墙西桧影斜；
经罢辘轳声忽动，汲泉自试雨前茶。

林下禅关尽日开，放人来看卧龙梅；
山童莫厌门庭闹，不是爱闲人不来。

斜梅势压石栏干，花似垂头照影看；
白昼云阴天欲雪，半池星斗逼人寒。

雪深三尺闭紫荆，岁晚无心打葛藤；
立雪堂前人不见，秀云峰似白头僧。

指柏轩中六七僧，坐忘忽怪异香尘；
推窗日色暖如火，檐蔔花开雪一棚。

卧云室冷睡魔醒，残漏声声促五更；
一梦又如过一世，东方日出是来生。

鸟啼花落屋西东，柏子烟青芋火红；
人道我居城市里，我疑身在万山中。

半檐落日晒寒衣，一钵香羹野蕨肥；
春雨春烟二三子，水西原上种松归。

赋师子林长句一篇

元·郑元佑

万竹阴阴师子林，苍霏如云不厌深。
影当初阳鸾凤舞，响作平地蛟龙吟。
契机原非击后悟，乘凉已向栽时寻。
行鞭土酥虽佶屈，霈润法雨方阴森。
笋时不传餐玉法，定起每闻贯珠音。
不知阎浮有六月，只缘毘耶无二心。
眼光於焉烁天地，耳度乃迩式玉金。
老矣蒲鞋尚堪织，贫岂藜羹长乏斟。
养威窟中善自爱，解铃颔下知谁任。
顾我尘劳竟何已，便应於此投华簪。

七月望日与高季迪过狮子林

明·张适

方罢文字燕，复来释子居。
轻飚却暑后，斜日下林初。
非无明旦游，偶此清思余。
适当解夏日，群公正安舒。
或出囊中文，或发函内书。
久论理昭析，玄谈趣冲虚。
仰听归林翼，俯察沈渊鱼。
物性咸自适，游心亦晏如。

过师林兰若如海上人索画因写此图并为之诗

明·倪瓒

密竹鸟啼邃，清池云影间。
茗雪炉烟袅，松雨石苔斑。
心静境恒寂，何必居在山。
穷途有行旅，日暮不知还。

师子林三十韵

明·道衍

上士栖禅地，精蓝故有名。
胜逾林屋洞，奇冠阖闾城。
岌岌诸峰秀，青青万竹荣。
室同图藻丽，地等布金平。
刹顶灵光集，幢阴瑞霭萦。
梁飞晴蛛见，矿踞怒猊狞。
近悦罘罳拥，遥怜睥睨横。
桂临经阁暝，蕉傍佛龛清。
井甃冰壶净，池开玉鉴明。
钵拘龙伏卧，亭接凤来鸣。
昙萼还殊菊，频伽讵类莺。
庭梅新着弹，轩柏老垂缨。
槲叶欺螺翠，榴英妬罽赪。
露晨知蕙吐，月午觉葵倾。
涧覆丛生荔，渠阴树列柽。
药栏蜂恣绕，藓砌蚁艰征。
风籁吟双径，天花雨两楹。
炊香驯鸽恋，鼷响睡尨惊。
日下旖交影，云深磬一声。

兰灯长际晓，莲漏不违更。
暖触松炀灶，清喧茗沸铛。
篆烟重翳幌，镜月独悬甍。
僧出斋房静，童归化器盈。
蝉号随梵奏，鹤舞逐经行。
慕境人廛过，忘形客倦迎。
参时机较密，定处步宜轻。
疎阔缘方绝，孤高道始成。
远闲思结社，潜醉愿投盟。
要适林中趣，应存物外情。
会须来扫石，冥坐学无生。

晚过师子林

明·道衍

无地堪逃俗，乘昏复到林。
半山云遏磬，深竹雨留禽。
观水通禅意，闻香去染心。
叩门警有客，想亦为幽寻。

重过师子林

明·道衍

开扉近水边，竹后总堪怜。
远想浑如梦，重游却信缘。
蝶翻红药雨，鸟度碧萝烟。
即境自忘虑，何须更习禅。

狮子林十二咏序

明·高启

师子林吴城东兰若也。其规制特小，而号为幽胜，清池流其前，崇丘峙其后，怪石崟崒而罗立，美竹阴森而交翳，闲轩净室，可息可游，至者皆栖迟忘归，如在岩谷，不知去尘境之密迩也。好事者取其胜概十二，赋诗咏之，名人韵士，属有继作，住山因公，裒而为卷，冠以睢阳朱泽民旧有所绘图，而请余序焉。夫吴之佛庐最盛，丛林招提据城郭之要坊，占山水之灵壤者数十百区，灵台杰阁，甍栋相摩，而钟梵之音相闻也。其宏壮严丽，岂师子林可拟哉。然兵燹之馀，皆委废于蔡蓁芜，扃闭于风雨，过者为之踌躇而凄怆。而师子林泉益清，竹益茂，屋宇益完，人之来游而记咏者益众，夫岂偶然哉。盖创以天如则公愿力之深，继以卓峰立公承守之谨，迨今因公以高昌宦族，弃膏粱而就空寂，又能保持而修举之，故经变而不坠也。由是观之，则凡天下之事，虽废兴有时，亦岂不系于人哉？余久为世驱，身心攫攘，莫知所以自释，闲访因公于林下，周览丘麓，复以十二咏者讽之，觉脱然有得，如病暍人入清凉之境，顿失所苦，乃知清泉白石，悉解谈禅，细语粗言，皆堪入悟。因公所以葺理之勤，而集录之备者，盖为是也。不然则饰耳目之观，赏词华之美，皆虚幻事，岂学道者所取哉?是则来游而有得者，固不得不咏，因公亦不得不编，既编，则余又不得而不序也。洪武五年秋七月勃海高启序。

游狮子林

清·黄金台

有境焉，秀夺天巧，奇争鬼工。险凿五丁，雄驱六甲。割将鹫岭，分得龙湫。侧走雷霆，倒垂菡萏。寒蛟跃出，日光不红。孤鹤归来，云气尽绿。烟青朝吐，月白夜吞。到溉奇礓，逊其布置。苏公雪浪，无此玲珑。则吴门狮子林是也。

庚子之春，余客吴下。鹤市七里，虎丘一峰，天平之巅，支硎之麓，亦既风光入眼，烟景娱神。而独恋恋于狮子林区区之地者，何哉?

犹忆初入门时，但见高不十寻，广非百亩，双冈对峙，一览无余，以为无甚奇观也。岂知渐进渐幻，愈入愈佳。勇士植竿，猛若赴敌；靓女照镜，艳乃无言；空青塞扉，浓紫满坞；松抱石罅，老而生髯；苔铺砌坳，细皆似发；曲池波涨，鱼跳桥心；深谷风塞，雀堕亭角。百磴雁列，一径蛇蟠；步步高低，层层凹凸。教猱升木，昂头可呼；以蚁穿珠，捷足先得。将登复下，兔窟藏踪；欲往仍还，螺纹旋掌。蜂腰几折，径讶崎岖；驼腹频摩，洞偏空旷。深抵龙穴，恐埋地中；仰攀鸟巢，别出天外。犬牙互错，蜢腿交撑。在后在前，交臂忽失；或左或右，拍肩又逢。危栈千盘，老马犹怯；怪峰九屈，神狐亦迷。真觉海上三山；近悬眉睫；人间五岳，收入心胸矣。

或谓石以狮名，于义何取？盖狮者势能搏象，气可怖熊，威慑南蛮，雄传西域。而兹林也，卷毛舔舌，钩爪锯牙。夕阳坠黄，英姿兀傲；午夜昏黑，猛态狰狞。翩翩仙灵，骑来蝴蝶；咄咄怪事，琢就狻猊。缅怀迂倪，千秋绝技；愿学颠米，再拜不遑而已。

乾隆诗作七首

清·弘历

游狮子林得句

一树一峰入画意，几湾几曲远尘心。
法王善吼应如是，居士高踪宛可寻。

谁谓今时非昔日，端知城市有山林。
松风阁听松风谡，绝胜满街丝管音。

游狮子林即景杂咏

城中佳处是狮林，细雨轻风此首寻。
岂不居然闹市里，致生邈尔濮濠心。

真树盖将千岁计，假山曾不倍寻高。
云林大隐留芳躅，谁复轻言作者劳。

画谱从来倪与黄，楚弓楚得定何妨。
庭前一片澄明水，曾照伊人此沐芳。

摹倪瓒狮子林图并题以句

狮子林称芗故吴，倪迂旧迹不宜无。
石渠妙品难虚彼，竹院清娱漫仿吾。
虽亦循门得蹊径，真成依样画葫芦。
装池付弃留佳话，惜墨闲情或可夫。

狮子林叠旧作韵

每阅倪图辄悦目，重来图里更怡心。
曰溪曰壑皆臻趣，若径若庭宛识寻。
足貌伊人惟怪石，藉如古意是乔林。
何堪摹卷当前展，笑似雷门布鼓音。

再游狮子林

本拟行宫一日间，念民瞻就策天闲。
宁论龙井烟霞表，却爱狮林城市间。
古树春来亦芳树，假山岁久似真山。
小停适可言旋耳，寓意非因畅陟攀。

狮子林再叠旧作韵

山庄御苑虽图貌，黄氏倪家久系心。
恰似金阊重跸驻，可忘清闷一言寻。
略看似矣彼新构，只觉输于此古林。
壬午摹成长卷在，展听松竹答清音。

游狮子林三叠旧作韵

粉本石渠藏手迹，写虽因手运因心。
真山古树有如此，胜日芳春可弗寻？
然岂耽哉斯洒洒，所堪嘉者彼林林。
出游图便民瞻就，宁为夹途丝管音？

题文园狮子林十六景有序甲午

清·弘历

向爱倪瓒《狮子林图》，南巡时携卷再至其地摹迹题诗。昨于长春园东北隙地规仿为之，即仍狮林之名。初得景八，续得景亦如之，皆系以句。然其亭台峰沼，但能同吴中之狮子林，而不能尽同迂翁之《狮子林图》。兹于避暑山庄清舒山馆之前，度地复规仿之，其景一如狮园之，名则又同御园之狮子林，而非吴中之狮子林。且塞苑山水天然，因其势以位置，并有非御园所能同者。若一经数典则仍不外云林数尺卷中，所谓言同不可，何况云异?知此则二亦非多，一亦非少，不必更存分别。见懒道人“画禅三昧”或当如是耳。既落成，名之曰文园，仍随景纪以诗。或有以同、不同？为叩者，惟举倪迂画卷示之。

狮子林

倪氏狮林存茂苑，传真小筑御湖滨。
既成一矣因成二，了是合兮不是分。
爱此原看鸥命侣，胜他还有鹿游群。
水称武列山雄塞，宜著溪园济以文。

虹　桥

一再仿涉园，虹桥驾波起。
若论武夷曲，在此不在彼。

假　山

塞外富真山，何来斯有假。
物必有对待，斯亦宁可舍。
窈窕致径曲，刻峭成峰雅。

倪乎抑黄乎，妙处都与写。
若颜西岭言，似兹秀者寡。

纳景堂

面临清浅背孱颜，廓落虚堂静且闲。
景纳四时无尽藏，我来每爱夏秋间。

清闷阁

吴工堆塑图，名画了非殊。
有一宁无二，仿燕仍忆苏。
究安能闷彼，欣雅足清吾。
欲问云林子，可知塞外乎。

藤　架

藤架石桥上，中矩随曲折。
两岸植其根，延蔓相连缀。
施松彼竖上，缘木斯横列。
竖穷与横遍，颇具梵经说。
漫嫌过花时，花意岂终绝。

磴　道

砌石磴砑跻攀，羊肠萦绕云关。
莫笑小许胜大，峭茜颇傲寒山。

占峰亭

塞山雄浑其固然，峰岭恒将互数里。
倪家结撰本江南，小景一伏旋一起。
是惟假山乃得之，叠石仿为遂有此。
侧峰上覆一笠亭，玉冠棲霞颇可拟。
亭占峰乎峰占亭，炙毂之辩将穷矣。

清淑斋

春光艳觉秋光飒，林有阴还砌有蕤。
若论园亭清淑景，吾云当屑夏为宜。

小香幢

狮林实梵宗，善吼度群品。
香幢作清供，迂翁佞佛甚。
缀景效其为，匪图福田稔。
人情以为田，吾方事勤恁。

探真书屋

书屋据横岭，迥然清绝尘。
倪子既非主，黄氏原为宾。
借问研精者，谁诚得其真。

延景楼

万石丛间觅进步，壶中小楼欣始遇。

因塞得通景不凡，理境文津胥可惜。
可悟其妙未可言，天倪道筦契性存。
林枝扶壁态訚砢，瀑水落涧声潺湲。
潺湲入池清且泚，佳丽四围一镜里。
忽闻隔嶂鹿呦呦，欲傲金阊未有此。

画 舫

武陵何必舍溪头，烟屿云崖漾以周。
不实舫中收古画，却因舫在画中游。

云林石室

石为云复石为林，十笏石室云林心。
四家为首昔由昔，千秋一瞬今非今。
忽然棐几铺藤纸，又似田盘点笔吟。

横碧轩

碧鲜横一带，近远乃相殊。
近水波清澈，远山林翠铺。
坐来参合相，望去讶分图。
却忆嘱因语，王蒙有是乎。

水 门

石墙洞跨溪清，门扇不置五明。
画舫随出随人，镜月疑半疑盈。
即此探奇问景，亦堪悦目怡情。

忽尔中心忸怩，似忘无逸篇名。

上巳与汪甥文蕙子世璜同游师子林有怀江夏昆仲并柬寄小迂

清·潘奕隽

佳辰惮远涉，览胜园林宜。
嬉春皆少年，自笑翁何为。
此间地非广，奥旷能兼之。
怪石与长松，高下逞奇姿。
游鱼唼暖波，好鸟啼虬枝。
风和天宇清，俛仰心神怡。
因思内史叙，即景非虚词。
昭明强解事，墟见良可嗤。
我来似修禊，照影临清池。
石阑坐移时，聊息足力疲。

狮子林游览示意图

1. 门厅
2. 正厅
3. 燕誉堂
4. 小方厅
5. 打眺亭
6. 指柏轩
7. 见山楼
8. 花篮厅
9. 古五松园
10. 真趣亭
11. 暗香疏影楼
12. 飞瀑亭
13. 石舫
14. 湖心亭
15. 问梅阁
16. 双香仙馆
17. 扇亭
18. 文天祥碑亭
19. 御碑亭
20. 修竹阁
21. 卧云室
22. 立雪堂